高职高专计算机规划教材·任务教程系列

Access 数据库应用技能教程

许洪军　刘丽涛　主　编

孟　程　孙冠男

杨　桦　金忠伟　彭德林　副主编

刘胜辉　主　审

中国铁道出版社

CHINA RAILWAY PUBLISHING HOUSE

内 容 简 介

本书通过一个贯穿始终的项目"学生信息管理系统",从操作的角度讲解了 Access 2007 数据库的分析设计方法以及各种对象的实现方法,并将数据库的相关基础知识与原理穿插其中进行讲解。全书共分 5 章,具体内容包括创建数据库、创建和管理数据表、设计和创建查询、设计和制作窗体、创建和使用宏等知识。

全书以"任务驱动"教学方法为主线,让学生带着问题学习,使学习目标更加明确。通过本书的学习,学生能够在较短的时间内掌握 Access 2007 的基本操作技能。本书内容丰富,结构清晰,图文并茂,语言简练,通俗易懂,充分考虑到初学者的需要,具有较强的实用性和可操作性。同时配有技能训练,用以帮助读者检验学习效果,巩固所学知识。

本书适合作为高职高专院校数据库课程教材,也可作为全国计算机等级考试二级 Access 的考试用书,还可供自学者学习使用。

图书在版编目(CIP)数据

Access 数据库应用技能教程/许洪军,刘丽涛主编. —北京:中国铁道出版社,2012.9
高职高专计算机规划教材. 任务教程系列
ISBN 978-7-113-15314-4

Ⅰ. ①A… Ⅱ. ①许… ②刘… Ⅲ. ①关系数据库系统—数据库管理系统—高等职业教育—教材 Ⅳ.①TP311.138

中国版本图书馆 CIP 数据核字(2012)第 211541 号

书　　名:Access 数据库应用技能教程
作　　者:许洪军　刘丽涛　主编

策　　划:翟玉峰　　　　　　　　　读者热线:400-668-0820
责任编辑:翟玉峰　冯彩茹
封面设计:大家设计·小戚
封面制作:刘　颖
责任印制:李　佳

出版发行:中国铁道出版社(100054,北京市西城区右安门西街 8 号)
网　　址:http://www.51eds.com
印　　刷:三河市华业印装厂
版　　次:2012 年 9 月第 1 版　　　2012 年 9 月第 1 次印刷
开　　本:787mm×1092mm　1/16　印张:9.5　字数:223 千
印　　数:1~3 000 册
书　　号:ISBN 978-7-113-15314-4
定　　价:19.00 元

前 言

　　Access 2007 是 Microsoft 公司推出的关系型数据库管理系统，是 Microsoft Office 2007 产品的重要组件之一。Access 2007 不需要用户具有较高的数据库知识就能够很简单地完成数据库的基本功能，并可以创建友好美观的操作界面。本书针对职业教育的特点而设计。同时，在编写过程中还参考了全国计算机等级考试二级 Access 数据库程序设计的考试大纲，符合社会用人需求。

　　本书通过贯穿全书的"学生信息管理系统"，将 Access 2007 数据库基础与应用的技能融于整个项目中。全书采用"任务驱动"教学法，共分为 5 章，将创建数据库、创建和管理数据表、设计和创建查询、设计和制作窗体、创建和使用宏等技能点贯穿于工作任务之中。每个工作任务由任务描述、任务相关知识、任务实施、任务拓展、任务检测、任务总结、技能训练 7 部分组成。每个任务介绍一个完整的知识点，文字表述简洁，图文并茂，直观明了，使学生能够迅速掌握相关的操作方法。

- 任务描述：介绍工作任务，对工作任务的要求进行说明。
- 任务相关知识：介绍工作任务中涉及的主要知识和技能点。
- 任务实施：对完成任务需要的工作流程进行描述。
- 任务拓展：对任务实施过程中未涉及的知识和技能点进行补充。
- 任务检测：对任务实施和任务拓展的结果进行检查和测试。
- 任务总结：总结完成任务过程中所用到的知识和技能点，及在操作中容易出现的问题。
- 技能训练：通过上机练习巩固所学的知识和技能点。

　　本书由许洪军、刘丽涛任主编，孟程、孙冠男、杨桦、金忠伟、彭德林任副主编。各章编写分工如下：第 1 章由许洪军编写，第 2 章由孟程、孙冠男编写，第 3 章和第 4 章由刘丽涛编写，第 5 章由杨桦、金忠伟、彭德林编写。本书由哈尔滨理工大学软件学院院长、博士生导师刘胜辉主审。

　　由于作者水平有限，加之创作时间仓促，本书难免存在疏漏和不足之处，欢迎广大读者批评指正。

编　者

2012 年 6 月

目 录

第 **1** 章 创建数据库

学习目标：

- 了解数据库的发展历史
- 掌握数据库系统的基本概念和特点
- 掌握启动和关闭 Access 2007 的方法
- 熟悉 Access 2007 的操作界面
- 掌握创建数据库的方法及步骤

1.1　任务描述

创建一个"学生信息管理系统"的空白数据库，再根据数据表来创建查询、窗体等其他数据对象。

1.2　任务相关知识

1.2.1　数据库基础

1．数据库技术

数据库技术是现代信息科学与技术的重要组成部分，是计算机数据处理与信息管理系统的核心。

数据库技术较好地解决了计算机信息处理过程中有效地组织和存储大量数据的问题，在数据库系统中减少数据存储冗余、实现数据共享、保障数据安全以及高效地检索数据和处理数据。数据库技术研究和管理的对象是数据，是通过对数据的统一组织和管理，按照指定的结构创建相应的数据库；利用数据库管理系统可以实现对数据库中的数据进行添加、修改、删除、处理、分析、理解、打印等多种功能。

2．数据库系统组成

数据库系统（Database System，DBS）是带有数据库的计算机系统，一般由硬件系统、操作系统、数据库管理系统及相关软件、数据库系统组成。

（1）数据库

数据库（DataBase，DB）是长期存储在计算机内、有组织的、可共享的数据集合。数据库中数据的特点是"集成"和"共享",即数据库中集中了各种应用的数据,进行统一的构造和存储,而使它们可被不同的应用程序所使用。数据库的建设规模、数据库信息量的大小和使用频度已成为衡量一个国家信息化程度的重要标志。

（2）数据库管理系统

数据库管理系统（Database Management System，DBMS）是专门用于管理数据库的计算机系统软件。数据库管理系统具有为数据库提供数据的定义、建立、维护、查询和统计等操作功能以及对数据完整性、安全性进行控制的功能。它位于应用程序和操作系统中间,是整个数据库系统的核心。

常用的 DBMS 有：

① 小型的数据库管理软件：只具备数据库管理系统的一些简单功能,如 FoxPro 和 Access 等。

② 严格意义上的 DBMS 系统：具备其全部功能,包括数据组织、数据操纵、数据维护、控制及保护和数据服务等,如 Oracle、PowerBuilder、SQL Server 等。

数据库系统由图 1–1 所示的硬件系统、操作系统、数据库管理系统及相关软件、数据库系统组成。

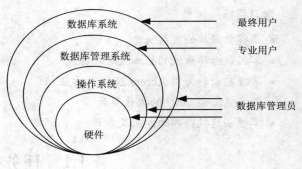

图 1–1　数据库系统的组成

1.2.2　数据模型

计算机不能直接处理现实世界中的具体事物,人们必须把具体事物转换成计算机可以处理的数据。为了反映事物本身及事物之间的各种联系,数据库中的数据必须有一定的结构,这种结构用数据模型来表示。数据模型是数据库的核心和基础。

数据模型应满足 3 方面的要求：一是能比较真实地模拟现实世界；二是容易被人们所理解；三是便于在计算机上实现。数据模型主要包括层次模型、网状模型和关系模型等。

1．层次模型

层次模型是用树形结构表示实体及实体之间联系的模型,与 DOS 中的目录树相似,树的结点表示实体,树枝表示实体之间的联系,从上至下是一对多（包括一对一）的联系。图 1–2 所示为一个学校的组织机构的树形结构（层次模型）。

层次数据模型必须满足以下两个条件：

① 有且仅有一个无父结点的根结点,它位于最高的层次,即顶端。

② 根结点以外的子结点,向上有且仅有一个父结点,向下可以有一个或多个子结点。同一双亲的子结点称为兄弟结点,没有子女的结点称为叶结点。

2．网状模型

用网状结构表示实体及实体之间联系的模型称为网状模型。网状模型是一个网络,是层次模型的拓展,如图 1–3 所示。

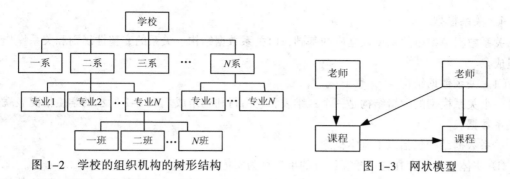

图 1-2　学校的组织机构的树形结构　　　　　图 1-3　网状模型

图中描述了一个学校的教学实体，其中老师、学生两个结点无父结点，课程、成绩有两个以上的父结点，它们交织在一起形成了网状关系，也就是说，一个结点可能对应多个结点。

满足以下两个条件的数据模型称为网状模型：

① 允许一个或一个以上的结点无父结点。

② 一个结点可以有多于一个的父结点。

层次模型与网状模型的主要区别在于，层次模型中从子结点到父结点的联系是唯一的；网状模型中从子结点到父结点的联系则不是唯一的。在网状模型中，两结点间的联系可以是多对多的联系，且兄弟结点到父结点的联系也不是唯一的。

3．关系模型

关系模型是以数学理论为基础而构造的数据模型，它把数据组织成满足一定约束条件的二维表格，这个二维表格就是关系。用二维表格结构来表示实体及实体之间联系的模型称为关系模型，如表 1-1 所示。20 世纪 80 年代以来，计算机厂商推出的数据库管理系统大都支持关系模型，非关系模型的数据库管理系统也大都加上了关系接口。数据库领域当前的研究工作都是以关系方法为基础的。Access 就是一种典型的基于关系模型的数据库管理系统。

表 1-1　学生情况表

学　号	姓　名	性　别	年　龄	入 学 日 期
0746101	马建华	男	20	2007-9-1
0746102	尹文浩	男	20	2007-9-1
0746103	牛喜荣	女	20	2007-9-1
0746104	王龙	男	20	2007-9-1
0746105	王佰军	男	20	2007-9-1
0746106	王林	男	20	2007-9-1
0746107	王绪	男	20	2007-9-1
0746108	任文莉	女	20	2007-9-1

1.2.3　关系型数据库

关系型数据库是目前主流的数据库。在关系型数据库中，数据按表的形式加以组织，所有的数据库操作都是针对表进行的。关系模型是以集合论中的关系概念为基础发展起来的。

1．关系模型

关系数据模型是关系型数据库的基础，由关系数据结构、关系的完整性规则和关系操作 3 部分组成。

（1）关系数据结构

一个关系模型的逻辑结构是一个二维表，它由行和列组成。表 1–1 所示的学生情况表就是一个关系数据表。

关系数据结构包括以下基本概念：

① 实体：客观存在并可相互区分的事物称为实体。

② 关系：一个满足某些约束条件的二维表。关系模型是关系的形式化描述。最简单的表示为：关系名（属性名 1,属性名 2…属性名 n）。学生关系可描述为：学生（学号,姓名,性别,年龄,入学日期）。

③ 属性：关系中的一列称为一个属性。一个属性表示实体的一个特征，在 Access 数据库中称为字段。"学生情况表"有 5 个属性，即"学号"、"姓名"、"性别"、"年龄"、"入学日期"。

④ 元组：表中的每一行称为一个元组，存放的是客观世界中的一个实体。在 Access 数据库中称为记录。

⑤ 域：关系中的一个属性的取值范围称为域。例如，学生年龄的域为大于 16 小于 60 的整数，性别的域为男、女。

⑥ 关键字：在 Access 中，能够唯一表示一个元组的属性或属性组合称为关键字。若表中某一列的值能唯一标识一行，则称该列（或列组）为候选关键字。对于一个表，可能有多个候选关键字，候选关键字取决于应用范围。如果一个表有多个候选关键字，那么数据库设计者通常会选择其中一个候选关键字作为区分行的唯一性标识符，这个标识符称为主关键字(Primary Key, PK)，简称主键。例如表 1–1 选择"学号"作为"学生情况表"的主键。

⑦ 外部关键字：对于两个相互关联的表 A 和表 B 而言，如果 A 表的主关键字被包含在 B 表中，这个主关键字就称为 B 表的外部关键字(简称外键)。例如"课程表"中的"课程号"是主键，"学生成绩表"中的"课程号"就是外键，如图 1–4 所示。

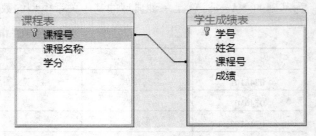

图 1–4　外部关键字

（2）关系数据库的特点

① 关系中的每个属性都是最小的。每一个行与列的交叉点上只能存放一个单值。

② 关系中同一属性的所有属性值具有相同的数据类型。表中同一列中的所有值都必须属于相同的数据类型。例如，学生情况表的姓名列的所有值都是字符串类型。

③ 关系中的属性名不能重复。表中的每一列都有唯一的列名，不允许有相同的列名。例如，学生情况表不允许有两个名为"姓名"的列。

④ 关系的属性从左到右出现的顺序无关紧要。表中的列从左到右出现的顺序无关紧要，即列的次序可以任意交换。

⑤ 关系中任意两个元组不能完全相同。表中任意两个行不能完全相同，即每一行都是唯一的，不能有重复的行。

⑥ 关系中的元组从上到下出现的顺序无关紧要。表中的行从上到下出现的顺序也无关紧要，即行的次序可以任意交换。

2．关系的运算

关系数据模型的理论基础是集合论，因此，关系操作是以集合运算为根据的集合操作，操作的对象和结果都是集合。关系模型中常用的关系操作包括选择（Select）、投影（Project）、连接（Join）等查询操作和插入（Insert）、修改（Update）及删除（Delete）操作。

（1）选择（Select）

选择是在关系中选择满足条件的元组，选择操作是从行的角度进行的运算。

（2）投影（Project）

关系 R 上的投影是指从 R 中选择若干属性，然后组成新的关系，投影操作是从列的角度进行的运算。

（3）连接（Join）

连接是从两个关系的笛卡儿乘积中选取满足条件的元组，连接操作也是从行的角度进行的实体间的运算。

3．关系的完整性

关系的完整性由关系的完整性规则来定义，完整性规则是关系的某种约束条件。关系模型的完整性约束有 3 种，即实体完整性、参照完整性和用户定义完整性。

（1）实体完整性

在关系数据库中，实体完整性通过主键来实现，主键的取值不能是空值。在数据库中，空值的含义为"未知"，而不是 0 或空字符串。由于主键是实体的唯一标识，因此如果主键取空值，关系中就存在某个不可标识的实体，这与实体的定义相矛盾。

例如，学生情况表中，"学号"为主键，因此"学号"不能取空值。

（2）参照完整性

参照完整性是指两个相关联的表之间的约束，即定义外键与主键之间引用的规则，用来检查两个表中的相关数据是否一致。具体地说，就是表中每条记录的外键的值必须是主表中存在的。因此，如果两个表之间建立了关联关系，则对一个表进行的操作将影响到另一个表中的记录。

（3）用户定义完整性

关系数据库系统除了支持实体完整性和参照完整性之外，在具体的应用场合，往往还需要一些特殊的约束条件。用户定义完整性就是针对某些具体要求来定义的约束条件，它反映某一具体应用所涉及的数据必须满足的语义要求。

关系模型必须提供定义和检验这类完整性的机制，以便用统一的方法处理它们，而不需要由应用程序来承担这一任务。

1.2.4　数据库应用系统的设计流程

一个数据库应用系统，其开发设计过程一般采用生命周期理论。生命周期理论是应用系统从提出需求、形成概念开始，经过分析论证、系统开发、使用维护，直到淘汰或被新的应用系统所取代的一个过程。其设计过程可以分为 6 个阶段，分别为需求分析、概念设计、逻辑设计、物理设计、数据库实施和运行、数据库的使用和维护。结合 Access 自身的特点，使用 Access 开发一个数据库应用系统的设计流程如下：

（1）需求分析

① 信息需求。

② 处理需求。

③ 安全性和完整性需求。

（2）确定需要的表

① 对收集到的数据进行抽象描述。

② 分析数据库的需求。

③ 得到数据所需要的表。

（3）确定所需字段

① 每个字段直接和表的实体相关。

② 以最小的逻辑单位存储信息。

③ 表中的字段必须是原始数据。

④ 确定主键字段。

（4）确定表之间的关系

① 一对一关系。

② 一对多关系。

③ 多对多关系。

（5）优化设计

① 是否遗忘了字段。

② 是否包含了相同的字段表。

③ 是否对每个表都选择了合适的关键字。

（6）设计其他数据库对象

① 设计数据输入界面：窗体、数据访问页等。

② 设计数据输出界面：查询界面等。

（7）测试和改进功能、交付用户

1.2.5　Access 2007 基础

1. 启动 Access 2007

常用的方法如下：

① 选择"开始"→"所有程序"→Microsoft Office→Microsoft Access 2007 命令，可以启动 Access。

② 如果 Windows 桌面上创建了 Access 快捷方式图标，那么双击该图标也可以启动 Access。

③ 选择"开始"→"运行"命令，弹出"运行"对话框，输入 Msaccess.exe，然后单击"确定"按钮，即可启动 Access 程序。

④ 在 Windows 环境中使用打开文件的一般方法打开 Access 创建的数据库文件，可以启动 Access，同时可以打开该数据库文件。

2. Access 2007 的工作界面

Access 2007 启动后，初始界面如图 1-5 所示。

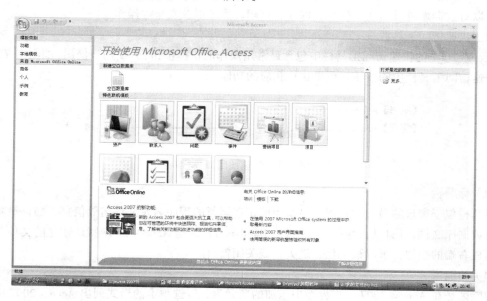

图 1-5 Access 2007 初始界面

在图 1-5 中可以看到，整个 Access 2007 初始界面可以分为 3 部分，左侧是"模板类别"区，在其中列出了各种常用的模板类别，用户可以根据自身的需要选择不同的模板类型。模板的中间区域是"开始使用 Microsoft Office Access"区域，在其中用户可以选择创建空数据库或者使用不同模板创建数据库。模板的右侧是"打开最近的数据库"区域，在其中列出了最近打开的数据库，方便用户快速打开。

启动 Access 2007 后，就可以看到图 1-6 所示的 Access 2007 主界面。与以前的版本相比，Access 2007 的工作界面颜色更加柔和，更加贴近于 Windows Vista 操作系统的风格。

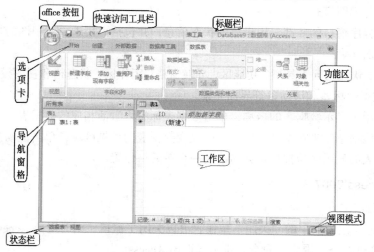

图 1-6 Access 2007 工作界面

（1）Office 按钮

Office 按钮位于 Access 2007 主界面的左上角，单击该按钮，可弹出下拉菜单，在该菜单中，用户可以对数据库进行新建、打开、保存、打印、管理以及发布等操作。

（2）快速访问工具栏

Access 2007 的快速访问工具栏中包含最常用操作的快捷按钮，方便用户使用，如图 1-7 所示。单击快速访问工具栏中的按钮，可以执行相应的功能。

【撤销】按钮

【保存】按钮

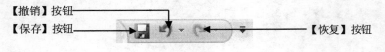

【恢复】按钮

图 1-7　快速访问工具栏

（3）标题栏

标题栏位于窗口的最上方，用于显示当前正在运行的程序名及文件名等信息，如果是新建立的空白数据库文件，用户所看到的文件名是 Database1，这是 Access 2007 默认建立的文件名。单击标题栏右端的按钮，可以最小化、最大化或关闭窗口。

（4）功能区

功能区是在 Access 2007 工作界面中添加的新元素，以选项卡的形式列出 Access 2007 中常用的操作命令，默认情况下，Access 2007 功能区中的选项卡包括"开始"选项卡、"创建"选项卡、"外部数据"选项卡、"数据库工具"和"数据表"选项卡。

（5）导航窗格

导航窗格位于窗口左侧的区域，用来显示数据库对象的名称，在导航窗格中单击"所有 Access 对象"下拉按钮，弹出的菜单可供用户选择浏览类别和筛选条件。

（6）工作区

工作区是 Access 2007 工作界面中最大的部分，它用来显示数据库中的各种对象，是使用 Access 进行数据库操作的主要工作区域。

（7）状态栏与视图模式

状态栏位于程序窗口的底部，用于显示状态信息，并包括可用于更改视图的按钮。

（8）其他界面元素

除了标题栏、快速访问工具栏、功能区、导航窗格、工作区、状态栏和视图模式之外，Access 2007 中还包括数据表标签和滚动条等界面元素。

数据表标签用于显示数据表的名称，单击数据表标签将激活相应的数据表。

水平、垂直滚动条用来在水平、垂直方向改变数据表的可见区域，单击滚动条两端的方向按钮，可以使数据表的显示区域按指定方向滚动一个单元格位置。

3. 退出 Access 2007

常用的方法如下：

① 单击 Access 主窗口中的"关闭"按钮，可以关闭主窗口，同时退出 Access。

② 选择"文件"→"退出"命令，也可以退出 Access。

③ 先单击主窗口的控制图标，再选择弹出菜单中的"关闭"命令。

④ 按【Alt+F4】组合键。

提示：退出 Access 时，如果还有没有保存的数据，那么系统将显示一个对话框，询问是否保存对应的数据。

1.2.6 数据库的创建方法

Access 2007 创建数据库共有两种方法：一是使用向导创建数据库，模板数据库可以原样使用，也可以对它们进行自定义，以便更好地满足需要；二是先建立一个空数据库，然后再添加表、窗体、报表等其他对象，这种方法较为灵活，但需要分别定义每个数据库元素。无论采用哪种方法，都可以随时修改或扩展数据库。

1. 使用向导创建数据库

Access 提供了种类繁多的模板，使用它们可以加快数据库的创建过程。模板是随时可用的数据库，其中包含执行特定任务时所需的所有表、窗体和报表。通过对模板的修改，可以使其符合用户自身的需要。

Access 2007 中也提供了多种数据库模板，用以帮助用户快速创建符合实际需要的数据库。Access 2007 中的模板包括联机模板和本地模板，这些模板中事先已经预置了符合模板主题的字段，用户只需稍加修改或直接输入数据即可。在 Access 2007 中利用模板新建数据库的具体操作步骤如下：

① 打开 Access 2007 窗口，在开始窗口的"模板类别"列表中选择"教育"选项，然后在右侧的列表中选择准备使用的模板（例如"学生"模板），如图 1-8 所示。

② 在"文件名"文本框中输入新建数据库的名称，并单击"浏览"按钮选择数据库的保存位置，然后单击"创建"按钮即可完成数据库的创建。使用模板创建数据库的好处是速度快，库中的表、窗体和查询等已基本建立，缺点是创建的数据库不能完全满足用户的需要，往往需要进行大量的修改工作。

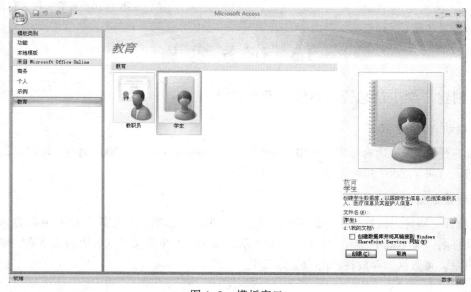

图 1-8　模板窗口

2．创建空白数据库

创建空白数据库的方法是，首先打开 Access 2007 窗口，在打开的开始界面中选择"新建空白数据库"选项组的"空白数据库"选项，如图 1-9 所示。

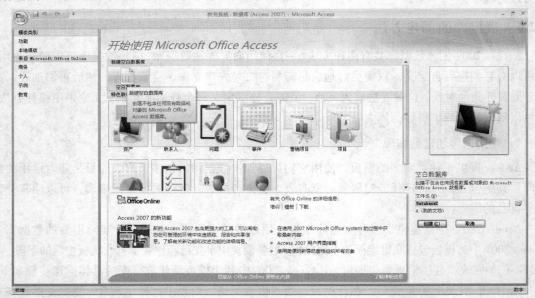

图 1-9　选择"空白数据库"选项

在右侧的"文件名"文本框中输入新建数据库的名称，默认扩展名为.accdb，数据库的默认保存位置是"d:\我的文档"，用户若想改变存储位置，可单击"浏览"按钮选择数据库的保存位置。最后单击"创建"按钮即可完成数据库的创建，如图 1-10 所示。

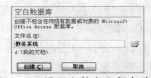

图 1-10　设置文件名和保存路径

1.3　任 务 实 施

1.3.1　创建"学生信息管理系统"数据库

1．启动 Access 2007

选择"开始"→"所有程序"→Microsoft Office→Microsoft Access 2007 命令，可以启动 Access 2007，进入 Access 2007 初始界面，如图 1-11 所示。

2．新建数据库文件

① 选择"新建空白数据库"选项区的"空白数据库"选项，进入图 1-12 所示的界面，在右侧的"文件名"文本框中输入"学生信息管理系统.accdb"，单击文本框旁边的"浏览"按钮改变保存目录，将数据库存放在"E:\数据库"中。

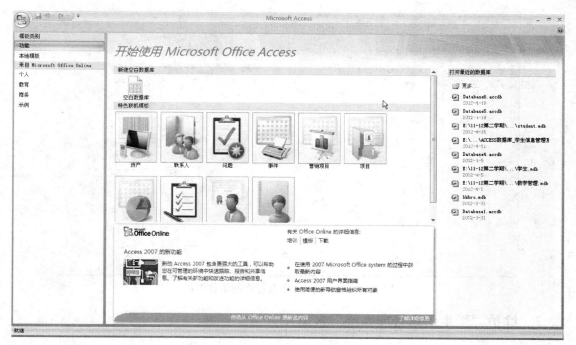

图 1-11 Access 2007 初始界面

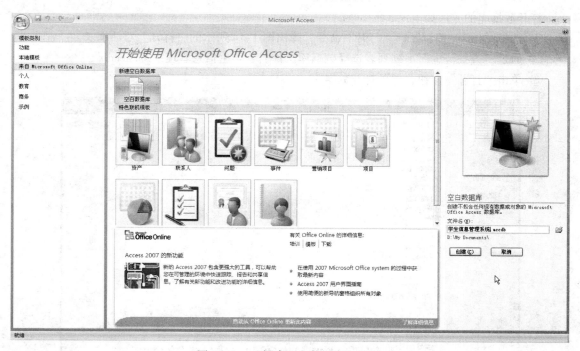

图 1-12 "创建空白数据库"界面

② 单击"创建"按钮，即可看到 Access 2007 数据库的工作界面，如图 1-13 所示。

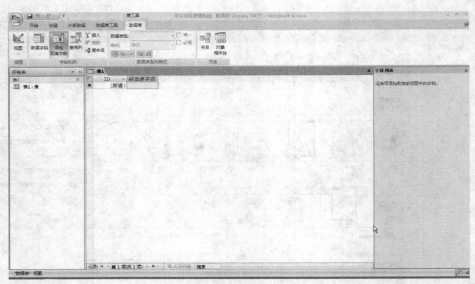

图 1-13　Access 2007 数据库的工作界面

1.3.2　维护"学生信息管理系统"数据库

1. 打开数据库

打开数据库的方法如下：

① 选择"Office 按钮"→"打开"命令，弹出图 1-14 所示的"打开"对话框。

② 通过"查找范围"下列列表选择数据库文件名"学生信息管理系统.accdb"。

③ 单击"打开"按钮，即可打开数据库。

图 1-14　"打开"对话框

2．关闭数据库

关闭数据库有以下几种方法：

① 选择"Office 按钮"→"关闭数据库"命令，即可关闭当前打开的数据库。

② 单击数据库窗口右上角的"关闭"按钮×。

③ 按【Ctrl+F4】组合键，关闭数据库。

3．设置数据库访问密码

数据库访问密码是指为打开数据库而设置的密码，它是一种保护 Access 数据库的简便方法。设置密码后，打开数据库时将显示要求输入密码的对话框，只有正确输入密码的用户才能打开数据库。

例如为"学生信息管理系统"数据库设置访问密码的操作如下：

① 启动 Access 2007 应用程序，单击"Office 按钮"按钮，在弹出的菜单中选择"打开"命令，弹出"打开"对话框。

② 在对话框中选择要打开的"学生信息管理系统"数据库文件，单击"打开"下拉按钮，在弹出的下拉列表中选择"以独占方式打开"选项，如图 1–15 所示。

图 1–15　"打开"对话框

③ 打开数据库后，在"数据库工具"选项卡的"数据库工具"组中单击"用密码进行加密"按钮，如图 1–16 所示，弹出"设置数据库密码"对话框。

④ 在"密码"和"验证"文本框中输入相同的密码 password，如图 1-17 所示。

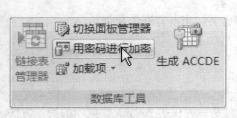

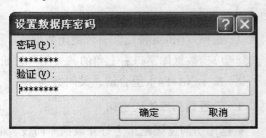

图 1-16　单击"用密码进行加密"按钮　　　　图 1-17　"设置数据库密码"对话框

⑤ 单击"确定"按钮，完成数据库密码设置。

⑥ 当再次打开该数据库时，系统将弹出要求用户输入密码的对话框，如图 1-18 所示。

图 1-18　"要求输入密码"对话框

4．撤销数据库访问密码

例如撤销"学生信息管理系统"数据库访问密码的操作如下：

① 启动 Access 2007，单击"Office 按钮"按钮，在弹出的菜单中选择"打开"命令，弹出"打开"对话框。

② 以独占方式打开"学生信息管理系统"数据库。

③ 打开数据库后，在"数据库工具"选项卡的"数据库工具"组中单击"解密数据库"按钮，如图 1-19 所示，打开"撤销数据库密码"对话框，如图 1-20 所示。

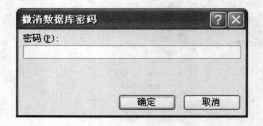

图 1-19　单击"解密数据库"按钮　　　　图 1-20　"撤销数据库密码"对话框

④ 在"密码"文本框中输入正确的密码 password，单击"确定"按钮撤销密码。

5．备份数据库文件

对于数据库文件，应该经常定期备份，以防止在硬件故障或出现意外事故时丢失数据。这样，一旦发生意外，用户就可以利用创建数据时制作的备份，还原这些数据。

① 启动 Access 2007，打开"学生信息管理系统"数据库，关闭所有数据库对象。

② 单击"Office 按钮"按钮，在弹出的菜单中选择"管理"|"备份数据库"命令，如图 1-21 所示，弹出"另存为"对话框。

图 1-21 选择"备份数据库"命令

③ 在"另存为"对话框中，指定备份数据库的名称和位置，如图 1-22 所示。

图 1-22 "另存为"对话框

④ 单击"保存"按钮，完成数据库的备份。

6. 还原数据库文件

用备份还原 Access 项目时，可以根据当初制作备份时使用的方法，用 Windows 中的备份及故障恢复工具或其他备份软件将 Access 项目的备份复制到数据库文件夹。

如果要备份还原单个的数据库对象，可以通过创建空 Access 项目，然后从原始数据库中导入相应的对象来完成还原工作。

1.4 任 务 拓 展

利用模板创建"教师信息管理"数据库，操作步骤如下：

① 在 Access 窗口中选择"Office 按钮"按钮，在弹出的菜单中选择"新建"命令。

② 在任务窗格中单击"本地模板"选项，弹出图 1-23 所示的对话框。

③ 选择"教职员"选项，然后在右侧窗格的"文件名"文本框中输入"教师信息管理.accdb"，并单击"浏览"按钮，将数据库保存在"E:\数据库"中，然后单击"创建"按钮即可完成数据库的创建，如图 1-24 所示。

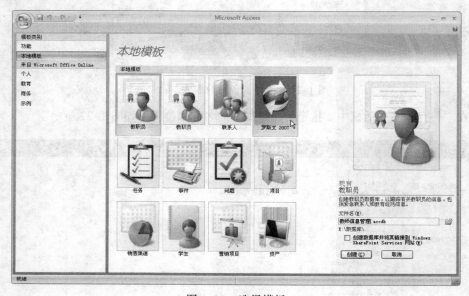

图 1-23　选择模板

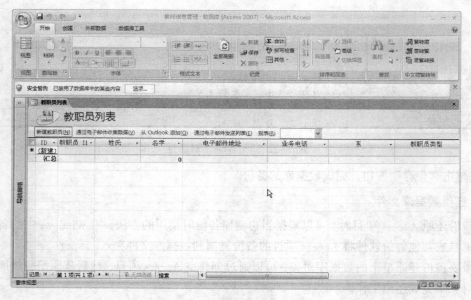

图 1-24　数据库创建完成界面

1.5　任　务　检　测

打开"我的电脑"窗口，查看"E:\数据库"文件夹中是否已存在一个"学生信息管理系统.accdb"和"教师信息管理.accdb"文件，若存在说明已创建成功，可以双击文件打开数据库。

1.6　任　务　总　结

通过本任务的学习，掌握数据库系统中数据、数据库、数据库管理系统、数据库系统等的基本概念，通过创建和维护数据库，使用户熟悉 Access 2007 的基本操作，掌握 Access 数据库的创建、打开、关闭等操作，为使用 Access 数据库打下坚实的基础。

1.7　技　能　训　练

实验目的：

- 熟悉 Access 2007 的开发环境
- 掌握创建数据库的方法
- 掌握如何打开和关闭数据库
- 掌握数据库密码的设置

实验内容：

① 创建"图书管理系统"数据库，分别使用"使用向导创建数据库"和"建立一个空白数据库"两种方法创建。

② 使用模板创建"联系人"数据库。

③ 设置"图书管理系统"数据库的打开密码为 123。

第 **2** 章
创建和管理数据表

学习目标：

- 掌握数据库中表的命名
- 掌握数据库中表结构的定义、字段类型的定义
- 掌握表的创建方法
- 掌握在表中输入数据的方法
- 掌握表属性的设置和表中数据的编辑
- 掌握表主关键字的设置和表间的关系设置

2.1 任 务 描 述

表是数据库中存储数据的对象，Access 允许一个数据库中包含多个表。在本任务中，我们将在"学生信息管理系统"数据库中创建"学生信息表"、"学生成绩表"和"课程表" 3 个表，来实现"学生信息管理系统"的管理操作，包括数据的输入、删除、修改、导入、导出等操作。

2.2 任 务 相 关 知 识

2.2.1 表的概念

1. 表

表是数据库中用来存储数据的对象，它是整个数据库系统的数据源，也是数据库其他对象的基础。一个数据库包括一个或多个表，表是以行和列的形式组织起来的数据的集合，表中每行称为一个记录或元组，每列称为字段或属性，每列的标题称为一个字段名或属性名。数据库中可能有许多表，每个表说明一个特定的主题。

2. 表的命名

表名是数据表存储在磁盘上的唯一标志，用户只有依靠表名，才能使用指定的表，因此确定表名要确保其唯一性。此外，在定义表名时，要使表名能够体现表中所含数据的内容，并考虑使用时的方便，表名要简略、直观、见名知意。表名可以是包含字母、汉字、数字和除了句号以外的特殊字符、感叹号、重音符号或方括号的任何组合。例如，HNGZY、HNGZY_班级、HNGZY_

班级 2 等都是合法的表名。

　　一个数据库中不能有重名的表，一个二维表可以由多列组成，每一列有一个名称，且每列存放的数据的类型相同。一个表中不能有重名的字段，一个二维表由多行组成，每一行都包含完全相同的列，表的每一行称为一条记录，每条记录包含完全相同的字段。一个表由两部分组成，即表的结构和表的数据。表的结构由字段的定义确定，表的数据按表结构的规定有序地存放在这些由字段搭建好的表中。

2.2.2　表的结构

　　要创建一个表，一般需要先定义表结构，再输入记录。只有定义了合理的表结构，才能在表中存储合适的数据内容。表中各字段的定义决定了表的结构，以下是字段的基本内容。

1. 字段的命名规则

字段的命名规则如下：

① 字段名可以包含字母、汉字、数字、空格和其他字符，第一个字符不能是空格。

② 字段名不能包含小数点、叹号、方括号、西文单引号、西文双引号。

③ 字段长度为 1 ~ 64 个字符，在 Access 中一个汉字当做一个字符看待。

2. 字段的数据类型

数据类型决定用户能保存在该字段中值的种类。Access 字段的数据类型有 11 种，分别是文本、备注、数字、日期/时间、货币、自动编号、是/否、OLE 对象、超链接、附件、查阅向导。

（1）文本型

文本型字段用来存放文本或作为文本看待的数字，如学号、姓名、性别等字段。如果设置字段大小为 5，则该字段的值最多只能容纳 5 个字符。

① 文本型字段的默认大小为 50，最多可达 255 个字符。

② 文本型数字的排序按照字符串排序方法进行。

（2）备注型

① 备注型字段用来存放较长的文本和文本型数字，如备忘录、简历等字段都是备注型。

② 当字段中存放的字符个数超过 255 时，应该定义该字段为备注型。

③ 备注型字段大小是不定的，由系统自动调整，最多可达 64 000 个字节。

④ Access 不能对备注型字段进行排序、索引、分组。

（3）数字型

数字型字段存放数字，例如工资、年龄等，数字型字段可以与货币型字段做算术运算。数字型字段的大小由数字类型决定，常用数字类型有以下几种：

① 字节，存放 0 ~ 255 之间的整数，字段大小为 1 个字节。

② 整型，存放 –32768 ~ 32767 之间的整数，字段大小为 2 个字节。

③ 长整型，存放 –2147483648 ~ 2147483647 之间的整数，字段大小为 4 个字节。

④ 单精度型，存放 –3.4E38 ~ 3.4E38 之间的实数，字段大小为 4 个字节。

⑤ 双精度型，存放 –1.79734E308 ~ 1.79734E308 之间的实数，字段大小为 8 个字节。

（4）日期/时间型

日期/时间型字段存放日期、时间或日期时间的组合，如出生日期、入学日期等字段都是日期/时间型字段。字段大小为 8 个字节，由系统自动设置。

说明：日期/时间型的常量要用一对#号括起来。

（5）货币型

货币型字段存放具有双精度属性的数字。系统自动将货币字段的数据精确到小数点前 15 位及小数点后 4 位。字段大小为 8 个字节，由系统自动设置。

说明：向货币型字段输入数据时，系统会自动给数据添加 2 位小数，并显示美元符号与千位分隔符。

（6）自动编号型

自动编号型字段用于存放系统为记录绑定的顺序号，长整型，字段大小为 4，系统自动设置。

① 一个表只能有一个自动编号型字段，该字段中的顺序号永久与记录相联，不能人工指定或更改自动编号型字段中的数值。

② 删除表中含有自动编号字段的记录以后，系统将不再使用已被删除的自动编号字段中的数值。

例如，输入 10 条记录，自动编号从 1 到 10，删除前 3 条记录，自动编号从 4 到 10，删除第 7 条记录，自动编号中永远设有 7。

③ 与财务、税务有关的数据表通常设自动编号型字段，增加数据的安全性。

（7）是/否型

① 是/否型字段存放逻辑数据，字段大小为 1 个字节，由系统自动设置。

② 逻辑数据只能有 2 种不同的取值，如婚否、团员否。所以，是/否型数据又被称为布尔型数据。

③ 是/否型字段内容通过画√输入，带√的为"真"，不带√的为"假"，"真"值用 true 或 on 或 yes 表示，"假"值用 false 或 off 或 no 表示。

（8）OLE 对象型

① OLE（Object Linking and Embedding）的中文含义是"对象的链接与嵌入"，用来链接或嵌入 OLE 对象，如文字、声音、图像、表格等。表中的照片字段应设为 OLE 对象类型。

② OLE 对象型字段的字段大小不定，最多可达到 1 GB。OLE 对象只能在窗体或报表中用控件显示。不能对 OLE 对象型字段进行排序、索引或分组。

（9）超链接型

超链接型字段存放超链接地址，如网址、电子邮件。超链接型字段大小不定。

（10）附件型

该类型使用附件字段将多个文件（例如图像）附加到记录中。假设具有一个教师信息数据库，可使用附件字段附加每个教师的照片，也可将教师的一份或多份简历附加到该记录的相同字段中。对于某些文件类型，Access 会在用户添加附件时对其进行压缩。

（11）查阅向导型

① 查阅向导型字段：仍显示为文本型，所不同的是该字段保存一个值列表，输入数据时从一个下拉式值列表中选择。

② 值列表的内容可以来自表或查询，也可以来自定义的一组固定不变的值。如将"性别"字段设为查阅向导型以后，只要在"男"和"女"两个值中选择一个即可。

③ 查阅向导型字段大小不定。

3．字段的说明

字段说明是指对每个字段所作的简要性说明文字，用来说明该字段所表示的具体信息，以及设计字段时的注释。

向该字段添加数据时，此说明文字将显示在状态栏上，增强数据的可读性，但说明信息不是必须的。

4．字段的属性设置

字段属性是字段特征值的集合，分为常规属性和查阅属性两种，用来控制字段的操作方式和显示方式。

注意： 不同字段类型有不同的属性集合。

（1）字段大小

字段大小用来定义字段所使用的存储空间大小，是字段值所占的字节数。只有文本型字段和数字型字段需要指定字段大小，其他类型的字段由系统分配字段大小，例如，"出生日期"是日期/时间类型，字段大小为 8 个字节，"婚否"是逻辑类型，字段大小为 1 个字节。一个字符和一个汉字字段大小都是 1 个字节。

（2）格式

使用"格式"属性可以指定字段的数据显示格式，如日期格式、数字格式。"格式"属性只影响值如何显示，而不影响在表中值如何保存。

（3）输入掩码

"输入掩码"属性用于设置字段、文本框以及组合框中的数据格式，并可对允许输入的数值类型进行控制。要设置"文本"和"日期"类型字段的"输入掩码"属性，可以使用 Access 自带的"输入掩码向导"来完成，其他类型的字段可以用掩码直接写入，掩码的输入模板如表 2-1 所示。

表 2-1　掩码的输入模板

字　符	字　符　含　义
0	在掩码字符位置必须输入数字 掩码：(00)00-000，例如(12)55-234
9	在掩码字符位置输入数字或空格，保存数据时保留空格位置 掩码：(99)99-999，例如(12)55-234，（　）55-234
#	在掩码字符位置输入数字、空格、加号或减号 掩码：####，例如 1+，9+999
L	在掩码字符位置必须输入英文字母，大小写均可 掩码：LLLL，例如 aaaa，AaAa

字　　符	字　符　含　义
?	在掩码字符位置输入英文字母或空格，字母大小写均可 掩码：????，例如 a　　a，Aa
A	在掩码字符位置必须输入英文字母或数字，字母大小写均可 掩码：(00)AA-A，例如 (12)55-a，(80)AB-4
a	在掩码字符位置输入英文字母、数字或空格，字母大小写均可 掩码：aaaa，例如 5a5b，A　4
&	在掩码字符位置必须输入空格或任意字符 掩码：&&&&，例如 $5A%
C	在掩码字符位置输入空格或任意字符 掩码：CCCC，例如 $5A%
. , : ; - /	句点、逗号、冒号、分号、减号、正斜线，用来设置小数点、千位、日期时间分隔符
<	将其后所有字母转换为小写 掩码：LL<LL，例如输入 AA<AA，显示 AAaa
>	将其后所有字母转换为大写 掩码：LL>LL，例如输入 aa>aa，显示 aaAA
密码	以*号显示输入的字符

（4）设置有效性规则和有效性文本

当输入数据时，有时会将数据输入错误，如将成绩多输入一个 0，或输入一个不合理的日期。事实上，这些错误可以利用"有效性规则"和"有效性文本"两个属性来避免。

"有效性规则"属性可输入公式（可以是比较或逻辑运算组成的表达式），用在将来输入数据时，对该字段上的数据进行核查工作，如核查是否输入数据、数据是否超过范围等；"有效性文本"属性可以输入一些要通知使用者的提示信息，当输入的数据有错误或不符合公式时，自动弹出提示信息。

（5）标题

在定义表结构的过程中，并不要求表中的字段必须为汉字，也可以使用简单的符号（如英文字母等），以便于以后编写程序（使用简单）。但使用符号在表的显示过程中不便识读，显示时通常需用汉字，这时我们可以使用"标题"属性来为英文字段指定汉字别名。"标题"属性最多为255 个字符，如果没有为字段设置标题属性，Access 会使用该字段名代替。

（6）默认值

使用"默认值"属性可以指定添加新记录时自动输入的值。

（7）允许空字符串、必填字段

"必填字段"属性有"是"和"否"两个取值。当取值为"是"时，表示必须填写本字段，不允许该字段数据为空；当取值为"否"时，表示可以不必填写本字段数据，也就是允许该字段数据为空。

（8）小数位数

具有小数位数的字段类型有数值型、货币型。通过设置小数位数属性，可以限制数据输出显示的小数位数。"小数位数"属性设置只影响显示的小数位数，而不影响所保存的小数位数。

（9）索引

索引可以加速对索引字段的查询，还能加速排序及分组操作。简单的说，索引就是搜索或排序的根据。也就是说，当为某一字段建立了索引，可以显著加快以该字段为依据的查找、排序和查询等操作。但是，并不是将所有字段都建立索引，搜索的速度就会达到最快。这是因为，建立的索引越多，占用的内存空间就会越大，这样会减慢添加、删除和更新记录的速度。当表数据量很大时，为了提高查找速度，可以设置索引属性。索引属性提供 3 项取值：

① "无"：表示本字段无索引。

② "有（有重复）"：表示本字段有索引，且该字段中的记录可以重复。

③ "有（无重复）"：表示本字段有索引，且该字段中的记录不允许重复。

5. 主键的设置

主键是表中的一个字段或字段集，为 Access 2007 中的每行提供一个唯一的标识符。在关系数据库（如 Office Access 2007）中，将信息分成不同的、基于主题的表，然后使用表关系和主键以指示 Access 如何将信息再次组合起来。Access 使用主键字段将多个表中的数据迅速关联起来，并以一种有意义的方式将这些数据组合在一起。

主键又称主关键字，用于唯一标识表中每条记录的字段或字段组合。若一个字段的值可以唯一标识表中的记录，则该字段所代表的信息称为主键。如字段"学号"能唯一标识一条记录，可以将"学号"设置为主键。设置为主键的字段名又被称为主关键字。

主键可以保证数据输入的安全性，作为主键的字段禁止重复值，也不能为空。主键还用于在表之间建立关系，建立了关系的多个表使用起来就像一个表一样。主键类型有 3 种，即自动编号、单字段和多字段。

2.3　任　务　实　施

Access 数据库提供了多种创建数据表对象的方法，用户可以根据自己的实际需要进行选择。如果要创建空表用于输入自己的数据，可以采用以下方法：

① 使用表设计器创建表。

② 输入数据创建表。

③ 使用模板创建表。

如果要利用现有数据创建表，用户可以导入或链接自其他 Microsoft Access 数据库中的数据，或来自其他程序的各种文件格式的数据。

2.3.1 创建"学生信息表"

1．确定"学生信息表"的表结构和数据记录

创建"学生信息表"的表结构及数据记录如表 2-2 和表 2-3 所示。

表 2-2   "学生信息表"的表结构

字 段 名 称	数 据 类 型	字 段 大 小	是否为主键
学号	文本	8	是
姓名	文本	8	
性别	文本	1	
政治面貌	文本	2	
专业	文本	20	
出生年月	日期/时间		
联系方式	文本	11	

表 2-3   "学生信息表"的数据记录

学号	姓名	性别	政治面貌	专业	出生年月	联系方式
11045101	白圣洁	女	团员	软件技术	1990-4-7	1569878×××
11045102	崔肖迪	女	团员	计算机网络	1991-7-4	1398734×××
11045103	董其斌	男	党员	动漫设计	1990-5-4	1365456×××
11045104	李博	男	党员	计算机网络	1990-12-6	1508982×××
11045105	李相静	女	团员	软件技术	1990-7-23	1365676×××
11045106	刘冬鑫	男	团员	软件技术	1991-8-15	1395665×××

2．使用表设计器创建"学生信息表"

① 启动 Access 2007，打开创建的"学生信息管理系统"数据库。

② 在"创建"选项卡的"表"组中单击"表设计"按钮，打开图 2-1 所示的表设计窗口。

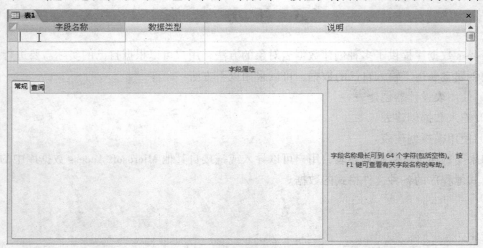

图 2-1   表设计器窗口

③ 在第一条记录的单元格中输入字段名"学号",按【Enter】键,此时该记录的"数据类型"单元格自动定义为"文本"格式。

④ 根据表 2-2 所示的数据表字段信息继续建立"学生信息表",此时表设计窗口的效果如图 2-2 所示。

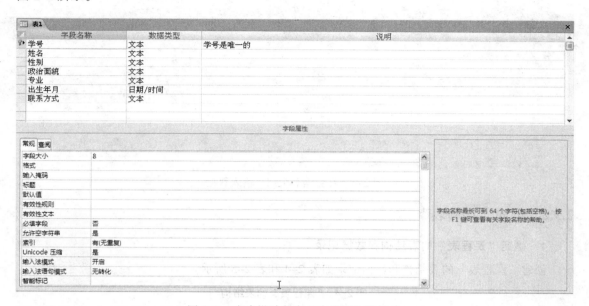

图 2-2 在表设计器窗口中设置字段信息

⑤ 在"学号"字段名称单元格中右击,在弹出的快捷菜单中选择"主键"命令,将"学号"字段设置为关键字,也可通过单击"设计"选项卡"工具"组中的"主键"按钮完成主键的设置,如图 2-3 所示。

⑥ 设置完成后,单击"快速访问工具栏"中的 ■ 按钮,弹出"另存为"对话框,在"表名称"文本框中输入表名称"学生信息表",如图 2-4 所示。

图 2-3 设置主键

图 2-4 "另存为"对话框

⑦ 单击"确定"按钮,右击 Access 2007 右侧导航窗格的"学生信息表",在弹出的快捷菜单中选择"打开"命令,此时打开数据表视图,在视图中输入表 2-3 所示的数据,输入数据后的数据表效果如图 2-5 所示。

图 2-5 在数据表视图中输入数据

2.3.2 创建"课程表"

1. 确定"课程表"的表结构和数据记录

创建"课程表"的表结构和数据记录如表 2-4 和表 2-5 所示。

表 2-4 "课程表"的表结构

字 段 名 称	数 据 类 型	字 段 大 小	是否为主键
课程号	文本	3	是
课程名称	文本	50	
学分	文本	2	

表 2-5 "课程表"的数据记录

课 程 号	课 程 名 称	学 分	课 程 号	课 程 名 称	学 分
101	大学英语	2	104	计算机应用基础	3
102	C 语言程序设计	3	105	数据库基础	3
103	高等数学	2			

2. 通过输入数据创建"课程表"

① 启动 Access 2007，打开创建的"学生信息管理系统"数据库。

② 单击"创建"选项卡"表"组中的"表"按钮，打开图 2-6 所示的空白数据表。

③ 右击"添加新字段"单元格，在弹出的快捷菜单中选择"重命名列"命令。

提示：此处也可以直接双击字段名称进行重命名列，该方法在实际应用中更为方便快捷。

④ 此时"添加新字段"单元格内出现闪烁的光标，输入"课程号"，然后按【Enter】键，此时"课程号"右侧的单元格内出现闪烁光标。

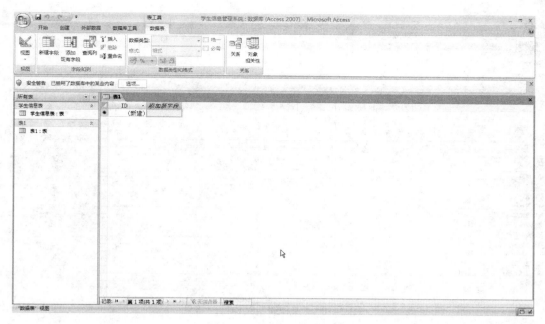

图 2-6 创建空白数据表

⑤ 参照步骤④继续输入字段名"课程名称"、"学分"。

⑥ 在单元格中输入表 2-5 中的数据，使得数据表如图 2-7 所示。

提示： ID 字段为自动编号字段，在其他字段中输入数据时，Access 会按顺序自动填充该列数据，每添加一条记录，这个字段值将依次加 1。

⑦ 单击"快速访问工具栏"上的 ■ 按钮，在弹出对话框的"表名称"文本框中输入表名称"课程表"，单击"确定"按钮，如图 2-8 所示。

图 2-7 在数据表中输入数据　　　　图 2-8 "另存为"对话框

⑧ 由于"通过输入数据创建表"这种方法创建的字段的数据类型和主键都是自动生成的，数据表的结构不一定完全符合规定的要求，所以要打开数据表的"设计视图"进行必要的修改，在"开始"选项卡的"视图"组中单击"视图"下拉按钮，在弹出的菜单中选择"设计视图"命令，如图 2-9 所示。

⑨ 按照表 2-4 中的数据对表的结构进行修改，删除一个 ID 字段，重新设置"课程号"为主键，同时修改部分字段的数据类型和字段大小，修改的结果如图 2-10 所示。

图 2-9 选择"设计视图"命令

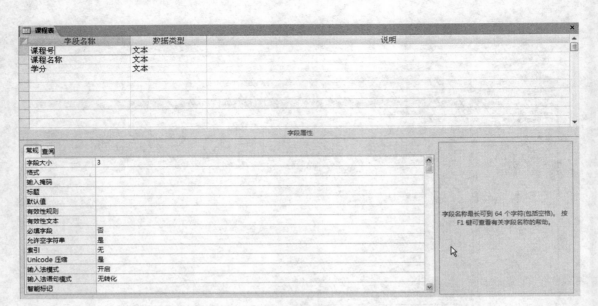

图 2-10 "课程表"结构修改结果

⑩ 打开数据表视图，在"开始"选项卡的"视图"组中单击"视图"下拉按钮，在弹出的菜单中选择"数据表视图"命令，如图 2-11 所示。

⑪ 输入数据后的数据表如图 2-12 所示。

课程号	课程名称	学分
101	大学英语	2
102	C语言程序设计	3
103	高等数学	2
104	计算机应用基础	3
105	数据库基础	3
*		

图 2-11 选择"数据表视图"命令   图 2-12 在数据表视图中输入数据

提示：视图的切换也可以通过右击 Access 2007 右侧导航窗格的表名，在弹出的快捷菜单中选择"打开"命令，即打开数据表视图；选择"设计视图"命令，即打开设计视图。

2.3.3 创建"学生成绩表"

1. 确定"学生成绩表"的表结构和数据记录

创建"学生成绩表"的表结构和数据记录如表 2-6 和表 2-7 所示。

表 2-6 "学生成绩表"的表结构

字 段 名 称	数 据 类 型	字 段 大 小	是否为主键
学号	文本	8	是
课程号	文本	3	是
成绩	数字		

表 2-7 "学生成绩表"的数据记录

学 号	课 程 号	成 绩	学 号	课 程 号	成 绩
11045101	101	78	11045104	102	65
11045101	102	90	11045104	103	87
11045101	105	65	11045104	104	79
11045102	103	92	11045105	103	63
11045102	104	75	11045105	104	77
11045102	105	89	11045105	105	88
11045103	101	67	11045106	101	74
11045103	102	89	11045106	103	86
11045103	103	78	11045106	104	83

2. 通过导入数据表创建"学生成绩表"

在实际操作过程中，Access 时常需要将其他程序产生的表格形式的数据，如文本文件（.txt）、Excel 文档（.xls）、dBase（.dbf）、HTML 文件（.html）等，通过"导入"的方法复制到 Access 数据库中，成为一个 Access 数据表，直接应用其他应用软件中的数据。

如图 2-13 所示，Microsoft Excel 中有一个名为"学生成绩表"的工作表，该工作表中有 18 个记录，现将这个工作表导入到"学生信息管理系统"数据库中。

① 启动 Access 2007，打开创建的"学生信息管理系统"数据库。

② 单击"外部数据"选项卡"导入"组中的"Excel"按钮，弹出"获取外部数据"对话框，如图 2-14 所示；单击"文件名"右侧的"浏览"按钮，弹出"打开"对话框；选择需要导入的 Excel 表"学生成绩表.xlsx"，单击"打开"按钮，返回图 2-14 所示的对话框；选择"将源数据导入当前数据库的新表中"单选按钮。

③ 单击"确定"按钮，弹出图 2-15 所示的界面，选择需要导入的数据表"学生成绩表"。

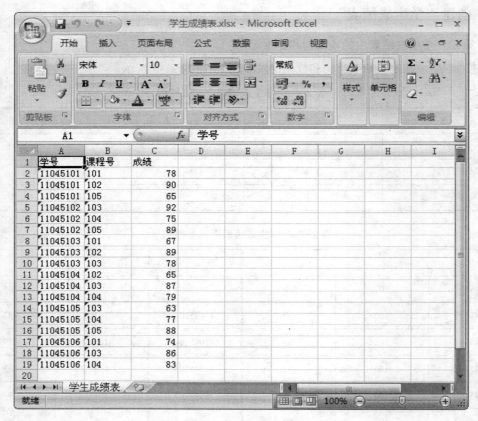

图 2-13　Excel 表中已有的数据

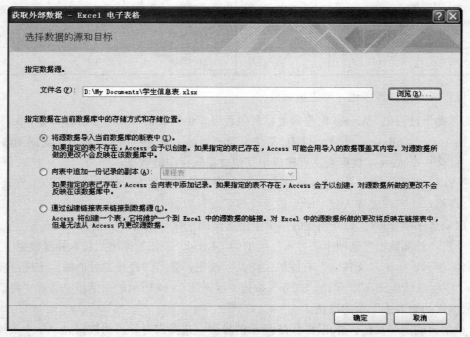

图 2-14　"获取外部数据"对话框

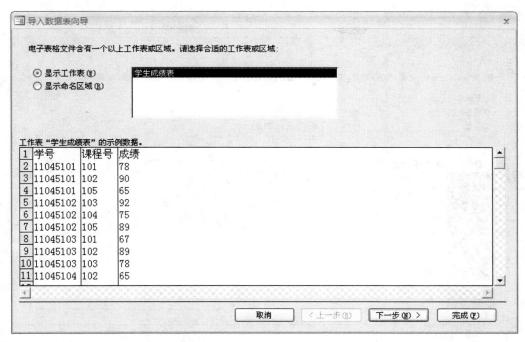

图 2-15 选择合适的工作表或区域

④ 单击"下一步"按钮，弹出如图 2-16 所示的界面。默认情况下，"第一行包含列标题"复选框已被选中，保持该复选框的选中状态。

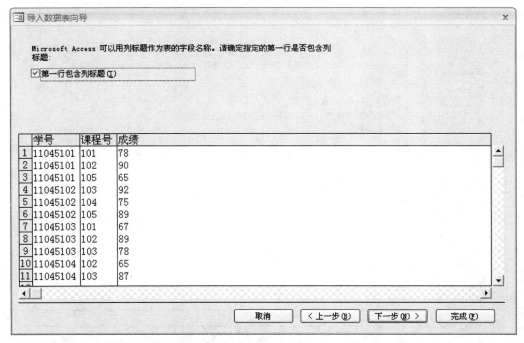

图 2-16 确定指定的第一行是否包含列标题

⑤ 单击"下一步"按钮，弹出图 2-17 所示的界面。根据需要可以在"字段选项"选项组中

对字段信息进行必要的更改。

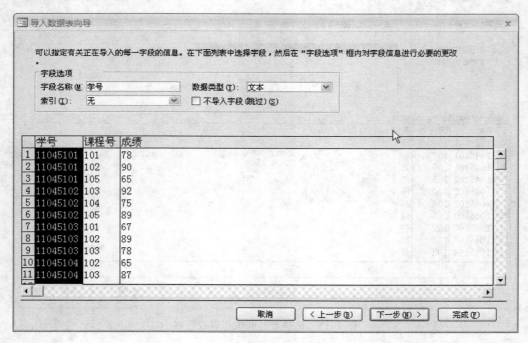

图 2-17　指定有关正在导入的每一字段的信息

⑥ 单击"下一步"按钮，弹出图 2-18 所示的界面。为新表定义一个主键，这里选择"不要主键"单选按钮。

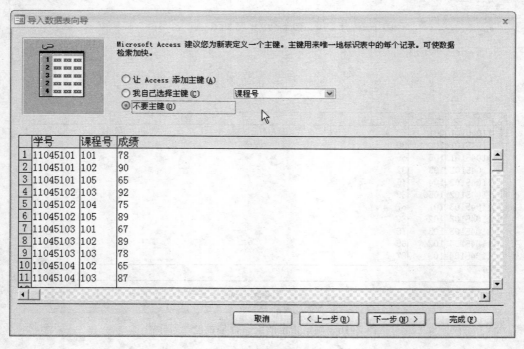

图 2-18　设置主键

⑦ 单击 "下一步" 按钮，弹出图 2-19 所示的界面，为导入的数据表输入一个表名 "学生成绩表"。

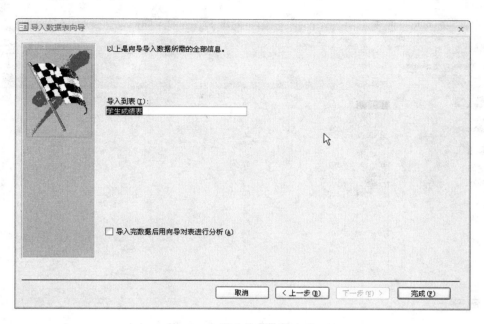

图 2-19 输入数据表的名称

⑧ 单击 "完成" 按钮，弹出图 2-20 所示的对话框，提示成功导入数据表。单击 "关闭" 按钮，完成导入过程。如图 2-21 所示，"学生成绩表" 成功地导入 "学生信息管理系统" 数据库中。

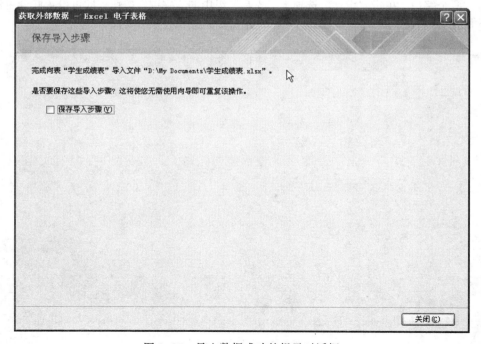

图 2-20 导入数据成功的提示对话框

图 2-21　学生成绩表成功导入后的数据库窗口

⑨ 按照表 2-6 所示的表结构修改"学生成绩表"，打开数据表的"设计视图"，修改各字段的类型和长度，并设置"学号"和"课程号"两个字段为联合主键。方法是同时选中"学号"和"课程号"两个字段，单击"设计"选项卡"工具"组中的"主键"按钮，即可设置联合主键，如图 2-22 所示。

图 2-22　设置联合主键

提示：除了使用上述 3 种方法创建表，还可能使用模板创建表。单击"创建"选项卡"表"中的"表模板"按钮，即可选择一种模板创建表，表模板中内置了一些常用的示例表，这些表中都包含了足够多的字段名，可以根据需要在数据表中添加和删除字段。但使用模板创建表的方法不够灵活，所以在实际应用中很少使用。

2.3.4 修改"学生信息表"的表结构

表结构的修改包括删除字段、添加字段、调整字段的位置等操作，所以需要对字段进行选定。字段行的选定方法是：在表的设计视图中，字段名前面的区域被称为"字段选定区"，单击它可以选定该字段；若需要选定多个字段行，则在按住【Ctrl】键的同时单击要选定字段的"字段选定区"。选定字段行后可进行字段删除、移动等操作。

① 启动 Access 2007，打开创建的"学生信息管理系统"数据库。

② 右击 Access 2007 右侧导航窗格的"学生信息表"，在弹出的快捷菜单中选择"设计视图"命令，此时打开设计视图窗口。

③ 修改"政治面貌"字段，设置默认值为团员。首先选中该字段，在"字段属性"的"常规"选项卡的"默认值"文本框中输入"团员"，不用输入引号，引号会自动生成，如图 2-23 所示。因为在学生中党员的比例相对较少，大部分学生都是团员，为了使用输入简便，可以将该字段的默认值设为团员。设置默认值后，添加新记录时会自动输入该值。

图 2-23 设置默认值

④ 修改"联系方式"字段，将该字段的标题设置为"移动电话"，使用标题后，在数据表视图中将会显示该字段的名称是"移动电话"，但数据表结构的字段名称并不改变，还是"联系方式"。首先选中"联系方式"，在"字段属性"的"常规"选项卡的"标题"文本框中输入"移动电话"，如图 2-24 所示。

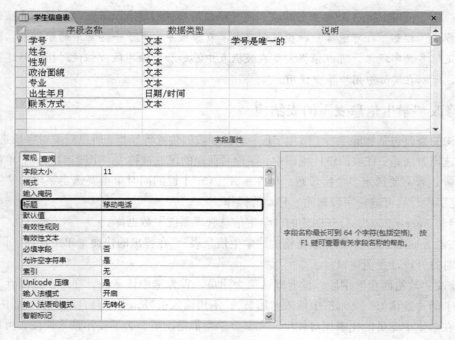

图 2-24　设置标题

⑤ 单击"快速访问工具栏"中的 ■ 按钮保存表。右击 Access 2007 右侧导航窗格的"学生成绩表",在弹出的快捷菜单中选择"打开"命令,此时切换到"数据表视图",即可看到修改后的结果,如图 2-25 所示。

学号	姓名	性别	政治面貌	专业	出生年月	移动电话	添加新字段
⊞ 11045101	白圣洁	女	团员	软件技术	1990-4-7	15698784556	
⊞ 11045102	崔肖迪	女	团员	计算机网络	1991-7-4	13987342345	
⊞ 11045103	董其斌	男	党员	动漫设计	1990-5-4	13654567876	
⊞ 11045104	李博	男	党员	计算机网络	1990-12-6	15089823433	
⊞ 11045105	李相静	女	团员	软件技术	1990-7-23	13656765689	
⊞ 11045106	刘冬鑫	男	团员	软件技术	1991-8-15	13956657777	

图 2-25　设置标题后的显示结果

2.3.5　修改"学生成绩表"的表结构

① 启动 Access 2007,打开创建的"学生信息管理系统"数据库。

② 右击 Access 2007 右侧导航窗格的"学生成绩表",在弹出的快捷菜单中选择"设计视图"命令,此时打开设计视图窗口。

③ 修改"成绩"字段,设置"有效性规则"和"有效性文本"两个属性,核查输入的成绩是否在 0 到 100 之间,如超出范围,显示"成绩输入错误"提示信息。首先选中该字段,在"字段属性"的"常规"选项卡的"有效性规则"文本框中输入>=0 And <=100,或单击"有效性规则"属性右侧的 ■ 按钮,在弹出的"表达式生成器"对话框中输入>=0 And <=100,然后在"有效性文本"文本框中输入"成绩输入错误",如图 2-26 所示。

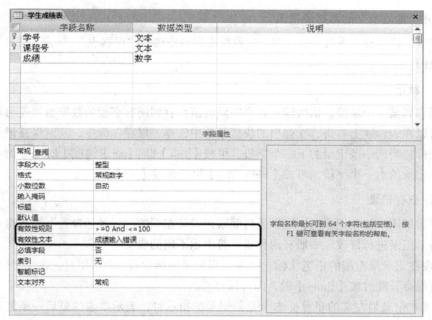

图 2-26　设置"有效性规则"和"有效性文本"两个属性

④ 单击"快速访问工具栏"中的 🔲 按钮保存表,右击 Access 2007 右侧导航窗格的"学生成绩表",在弹出的快捷菜单中选择"打开"命令,此时切换到"数据表视图",修改第一条记录的成绩为 178,按【Enter】键后,弹出"成绩输入错误"对话框,如图 2-27 所示。

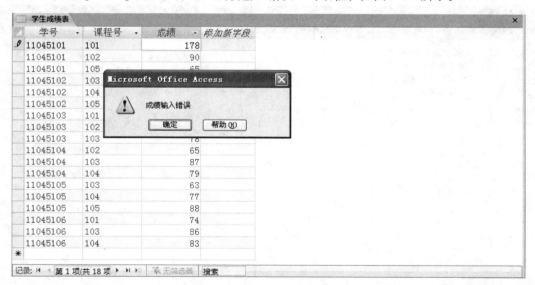

图 2-27　设置"有效性规则"和"有效性文本"两个属性后的结果

2.3.6　编辑"课程表"中的记录

表设计完成后,需要对表的数据进行操作,也就是对记录进行操作,它涉及记录的添加、删除、修改、复制等操作。对表进行的操作,是通过数据表视图来完成的。

1. 打开"课程表"的数据表视图

打开"学生信息管理系统"数据库，在数据库窗口中选择"课程表"，单击"打开"按钮，打开数据表视图。

2. 添加新记录

在光标移到某一个字段，依次输入各个字段的值，直到所有字段的数据值输完为止。在输入过程中，可以在表标题上右击，在弹出的快捷菜单中选择"保存"命令，及时保存记录。

要将光标移到同一条记录的下一个字段，可按【Tab】键、【→】键或【Enter】键；要将光标移到同一条记录的上一个字段，可按【Shift+Tab】组合键或【←】键。

3. 修改原有记录

在数据表视图中修改记录时，可以通过观察记录最左端的"记录选择器"来获得有关记录的信息，然后对记录进行修改。一般有两种指示符表示不同的含义。

① 出现在记录最左端的铅笔状标志 🖉 是编辑记录的指示符，表示用户正在编辑修改该记录，并且还没有保存，此时按【Enter】键，即可保存修改。

② 出现在记录最左端的星号标志 ＊ 是新记录的指示符，表示本表的最后一条记录，通常是空的。

如图 2-28 所示，单击位于数据表视图左下角的记录定位指示器，包括"第一条记录"、"上一条记录"、"当前记录"、"下一条记录"、"尾记录"和"新（空白）记录"等按钮，可以很方便地浏览并修改表中的记录。

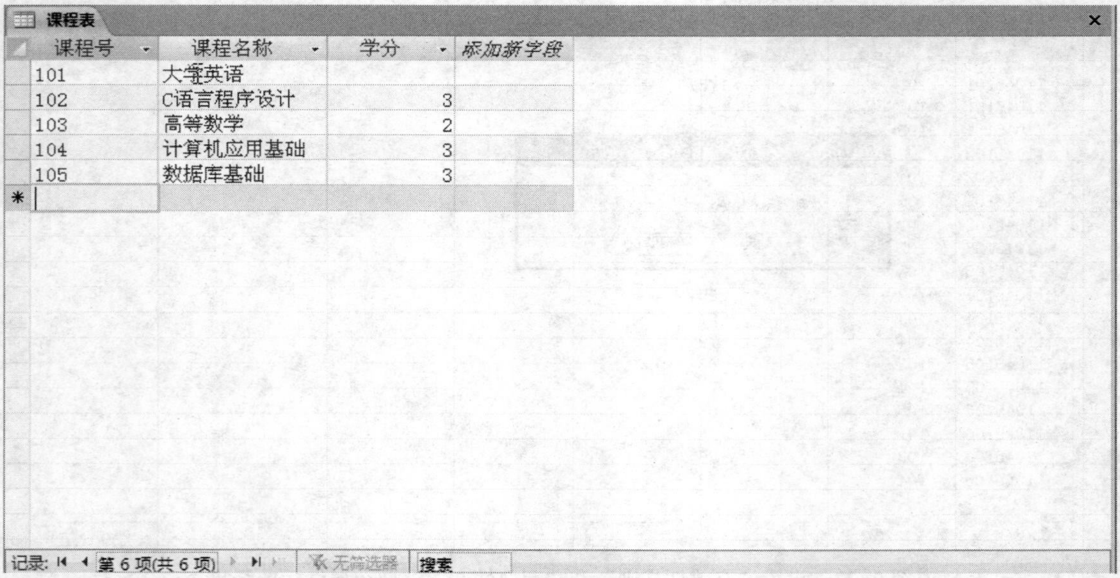

课程表				✕
课程号 ▾	课程名称 ▾	学分 ▾	添加新字段	
101	大学英语			
102	C语言程序设计	3		
103	高等数学	2		
104	计算机应用基础	3		
105	数据库基础	3		
＊				

记录：◄ ◄ 第 6 项(共 6 项) ► ►► ▾ 无筛选器　搜索

图 2-28　"课程表"中的记录

4. 删除原有记录

从数据表中删除的记录是不能恢复的，执行删除操作时一定要慎重，以免误删有用的数据。删除记录的操作步骤如下：

① 通过按【↑】或【↓】键将光标移至所要删除字段中的记录上或单击要删除字段所在列的任一处，也可以利用【Shift】键选择多条字段上的记录。

② 单击"数据表"选项卡"字段和列"组中的"删除"按钮，系统会弹出提示框，如图 2-29 所示，单击"是"按钮，确认永久删除字段。

提示： 定义为主键的字段是不能删除的。

③ 选中需要删除的行记录并右击，在弹出的快捷菜单中选择"删除记录"命令，系统会弹出提示框，如图 2-30 所示，单击"是"按钮，确认永久删除记录。

图 2-29 删除字段的提示框

图 2-30 删除记录的提示框

2.3.7 创建表之间的关系

1. 数据表之间的关系概述

数据库是相关数据的集合，一般一个数据库由若干个表所组成，每一个表反映数据库的某一方面的信息。要使这些表联系起来反映数据库的整体信息，则需要为这些表建立表之间应有的关系。建立表关系的前提是两个表必须拥有共同字段。建立表间关系，能将不同表中的相关数据联系起来，为建立查询、创建窗体或报表打下良好的基础。

表与表之间的关系可人分为一对一、一对多、多对多 3 种类型，创建的关系类型取决于表间关联字段的定义。

① 一对一：要求两个数据表的相关字段都是主关键字或唯一索引。

② 一对多：要求只有一个数据表的相关字段是主关键字或唯一索引。

③ 多对多：通过使用第三个数据表来创建，第三个数据表至少包括两个部分，一部分来自一个数据表的主关键字或唯一索引字段,另一部分来自另一个数据表的主关键字或唯一索引字段，如果需要还可增加其他字段。

2. 数据表之间关系的创建

① 打开"学生信息管理系统"数据库，但要关闭所有打开的表，因为不能在已打开的表之间创建或修改关系。

② 单击"数据库工具"选项卡"显示/隐藏"组中的"关系"按钮，弹出"显示表"对话框，如图 2-31 所示。

③ 选择"课程表"，再按住【Ctrl】键，继续选择"学生成绩表"和"学生信息表"，单击"添加"按钮，此时在"关系"窗口中出现所选的 3 个表（包含字段列表框），如图 2-32 所示，然后单击"关闭"按钮。

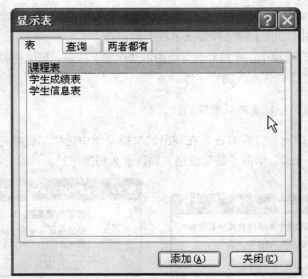

图 2-31 "显示表"对话框

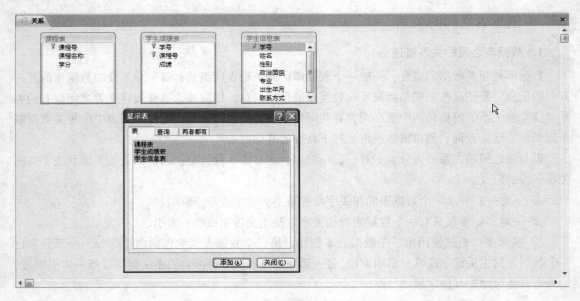

图 2-32 选择需要创建关系的表

④ 将"课程表"中的"课程号"字段拖拽到"学生成绩表"中的"课程号"字段上，则弹出图 2-33 所示的"编辑关系"对话框，其中列出了相关表及其相关字段的名称，同时选择"实施参照完整性"、"级联更新相关字段"、"级联删除相关记录"复选框，单击"创建"按钮。

提示：Access 使用参照完整性来确保数据库相关表之间的关系的有效性，防止意外删除或更改相关记录的数据。设置参照完整性就是在相关表之间创建一组规则，当用户插入、更新或删除某个表中的记录时，可保证与之相关的表中数据的完整性。

⑤ 将"学生信息表"中的"学号"字段拖拽到"学生成绩表"中的"学号"字段上，则弹出图 2-34 所示的"编辑关系"对话框，其中列出了相关表及其相关字段的名称，同时选择"实施参照完整性""级联更新相关字段"、"级联删除相关记录"复选框，单击"创建"按钮。

图 2-33 "编辑关系"对话框 1   图 2-34 "编辑关系"对话框 2

⑥ 最终创建的结果如图 2-35 所示，单击"快速访问工具栏"中的 🔲 按钮保存关系。

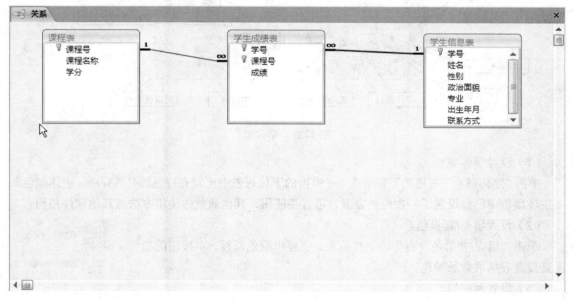

图 2-35 表之间的关系

⑦ 关系的编辑与删除。单击要编辑的关系连线，选中时，关系连线变成一条粗黑线；在选中的关系连线上右击，会弹出一个包括"编辑关系"和"删除"两个命令的快捷菜单。在快捷菜单中如果选择"编辑关系"命令，会弹出图 2-33 所示的"编辑关系"对话框。如果选择"删除"命令，则会弹出图 2-36 所示的提示框；若单击"是"按钮，系统将在"关系"窗口中删除关系连线，表示该关系已被删除。

图 2-36 删除关系提示框

2.4　任务拓展

2.4.1　表的外观定制

Access 2007 数据表的显示可以根据个人的喜好进行个性化设置，可以对数据表的字形、字体大小、字体颜色、背景色等进行设置。

1．字体设置

与字体相关的设置主要集中在"开始"选项卡的"字体"选项组中，如图 2-37 所示，"字体"选项组中可以进行字体设置、字号设置、字体加粗、字体倾斜、加下画线、字体颜色、对齐设置、填充/背景色、网格线、替补填充/背景色、设置数据表格式等相关格式的设置。

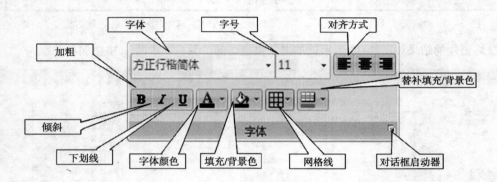

图 2-37　字体组

（1）设置字体颜色

单击"字体颜色"右侧的下拉箭头，在弹出的下拉列表中比较有特色的是"Access 主体颜色"，在主体颜色中已经设置了一些配色方案，可直接使用，其他颜色的使用方法与其他软件相同。

（2）设置填充/背景色

单击"填充/背景色"右侧的下拉箭头，将弹出颜色面板，本按钮的功能是设置表格的背景颜色。

（3）设置网格线

通过"网格线"按钮可设置表格网格线的显示情况，单击"网格线"右侧的下拉箭头，将弹出图 2-38 所示的列表，可以设置是否显示网格线，或者网格线的显示效果。

图 2-38　网格线界面

（4）替补填充/背景色

"替补填充/背景色"与"填充/背景色"是有区别的，"填充/背景色"设置的是整个表格的背景色，而"替补填充/背景色"只是设置数据区域的背景色。

2．设置数据表格式

通过单击图 2-37 中的"对话框启动器"按钮，可弹出图 2-39 所示的"设置数据表格式"对话框。

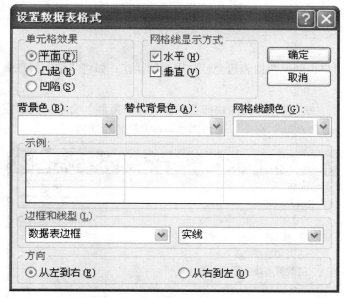

图 2-39 "设置数据表格式"对话框

在图 2-39 所示的对话框中可以进行如下设置：

① 单元格的显示效果：平面（默认）、凸起、凹陷。

② 网格线显示方式：默认是水平方向和垂直方向的网格线全部显示。

③ 背景色：设置整个表格的背景颜色。

④ 替代背景色：设置数据区域的背景颜色。

⑤ 网格线颜色：设置水平和垂直方向的网格线颜色。

⑥ 表格显示方向：可以设置表格是"从左到右"显示还是"从右到左"显示。

3．设置行高和列宽

设置数据表的行高和列宽可通过"开始"选项卡的"记录"选项组完成，在"记录"选项组中单击"其他"下拉按钮，如图 2-40 所示，在弹出的列表中可通过选择"行高"和"列宽"选项对数据表的行高和列宽进行精确设置。

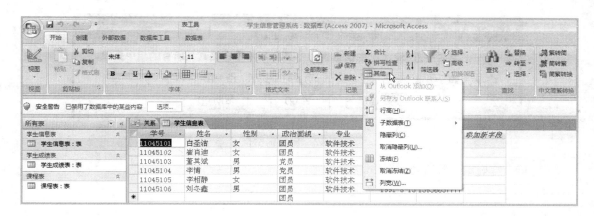

图 2-40 单击"其他"下拉按钮

2.4.2 表的复制、删除和重命名

1．表的复制

对表的复制是用户在创建数据表后会经常用到的操作，如将"学生信息表"的所有内容复制为"学生信息表 1"。

① 右击"学生信息表"，在弹出的快捷菜单中选择"复制"命令，然后在空白位置右击，在弹出的快捷菜单中选择"粘贴"命令，弹出图 2-41 所示的对话框。

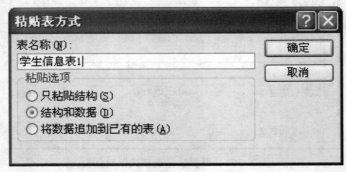

图 2-41 "粘贴表方式"对话框

② 选择粘贴方式，有 3 种选项：
* 只粘贴结构：只复制表的结构到目标表，而不复制表中的数据。
* 结构和数据：将表中的结构和数据同时复制到目标表。
* 将数据追加到已有的表：将表中的数据以追加的方式添加到已有表的尾部。
这里选择"结构和数据"单选按钮。

③ 输入表名称"学生信息表 1"，单击"确定"按钮完成复制。

2．表的删除

将"学生信息表 1"从数据库中删除。

① 右击"学生信息表 1"，在弹出的快捷菜单中选择"删除"命令，弹出图 2-42 所示的提示框。

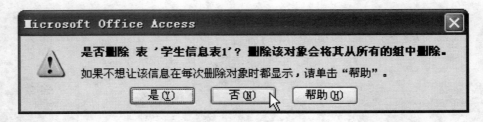

图 2-42 删除提示框

② 单击"确定"按钮完成删除。

3. 表的重命名

将"课程表"重命名为"学生课程表"。

① 右击"课程表",在弹出的快捷菜单中选择"重命名"命令。

② 输入新表名,按【Enter】键确认。

2.4.3　数据的导出

在实际操作过程中,时常需要将 Access 表中的数据转换成其他的文件格式,如文本文件(.txt)、Excel 文档(.xls)、dBase(.dbf)、HTML 文件(.html)等,这就是数据的导出。

将"学生信息表"导出"学生信息表.xlsx"中。

① 选中"学生信息表",单击"外部数据"选项卡"导出"组中"Excel"按钮,弹出图 2-43 所示的对话框,单击"浏览"按钮选择导出位置,在"文件格式"下拉列表中选择导出格式,单击"确定"按钮。

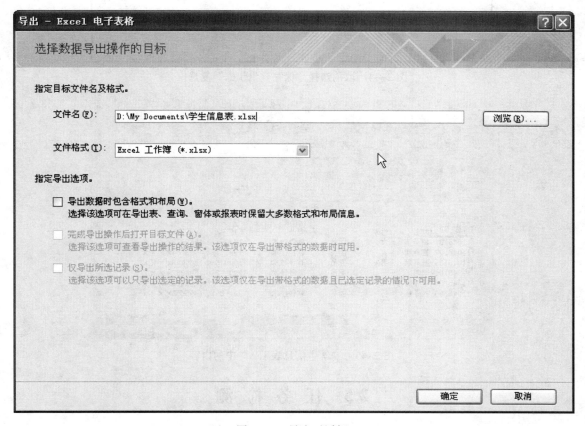

图 2-43　导出对话框

② 单击"确定"按钮,弹出图 2-44 所示的界面,取消选择"保存导出步骤"复选框,单击"关闭"按钮。

③ 打开"学生信息表.xlsx"查看导出结构，记录已正确导出，如图 2-45 所示。

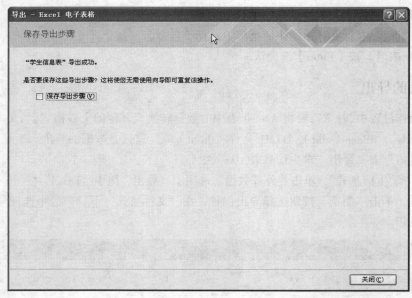

图 2-44　取消选择"保存导出步骤"复选框

图 2-45　　"学生信息表.xlsx"中的内容

2.5　任　务　检　测

打开"学生信息管理系统"数据库，查看数据库窗口的数据表是否如图 4-46 所示，包含"学生信息表"、"学生成绩表"和"课程表"3 个表。

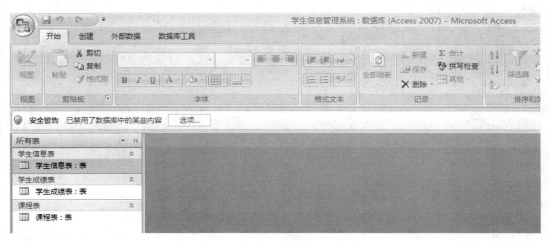

图 2-46 已创建的 3 个表数据库窗口

分别打开 3 个数据表，查看表中数据是否已创建，如图 4-47 所示。

图 2-47 3 个表中的数据

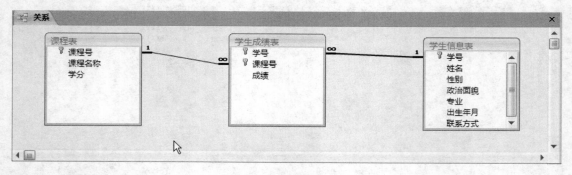

图 2-47　3 个表中的数据（续）

打开"关系"窗口，查看表关系是否已创建完好，如图 4-48 所示。

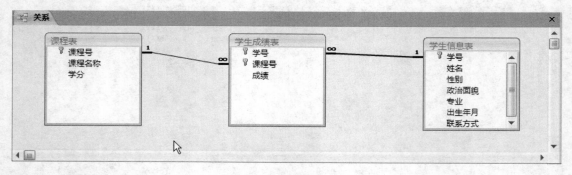

图 2-48　"关系"窗口

2.6　任 务 总 结

本任务通过创建"学生信息表"、"学生成绩表"和"课程表"3 个表，主要介绍了数据表的多种创建方法以及表结构修改的方法；掌握了数据表字段的添加、修改、删除，以及设置字段属性、设置主键等操作；并掌握对表中数据的添加、修改、删除，以及对表外观效果的设计方法。在此基础上，通过建立表之间的关系，为数据库各表间共享数据奠定了基础。

2.7　技 能 训 练

实验目的：

- 掌握创建表的多种方法
- 掌握如何向表中输入数据

- 掌握表中主键的设置
- 掌握建立表之间关系的方法

实验内容

打开"图书管理系统"数据库,在数据库中创建下列数据表,并在表中输入相应的数据。

① "学生信息表"的表结构如表 2-8 所示。

表 2-8 "学生信息表"的表结构

字 段 名 称	字 段 类 型	大 小	说 明
Snum	文本	7	学生学号(设为主键)
Sname	文本	8	学生姓名
Sex	文本	2	性别
Birthday	日期/时间		学生生日
EnrollDate	日期/时间		入学日期
ClassName	文本	5	班级名称

② "学生信息表"的数据记录如表 2-9 所示。

表 2-9 "学生信息表"的数据记录

Snum	SName	Sex	Birthday	EnrollDate	ClassName
0946101	马建华	男	1982-3-12	2009-9-1	09461
0946102	郑云玲	女	2000-1-1	2009-9-1	09461
0946103	尹文浩	男	1982-2-11	2009-9-1	09461
0946104	任文莉	女	1982-4-6	2009-9-22	09461
0946105	王龙	男	1982-3-1	2009-9-1	09461
0946106	贾晓飞	女	1982-4-6	2009-9-1	09461
0946107	李娜君	女	1985-2-7	2003-9-1	09461
0946108	王星	男	1985-4-17	2009-9-1	09461
0946201	韩广超	男	2000-1-1	2009-9-1	09462
0946202	李婷	女	1983-1-12	2009-9-1	09462
0946203	张克非	男	1983-4-15	2009-9-1	09462
0946204	夏博斌	男	1983-5-25	2009-9-1	09462

③ "图书信息表"的表结构如表 2-10 所示。

表 2-10 "图书信息表"的表结构

字 段 名 称	字 段 类 型	大 小	说 明
booktm	文本	7	图书条码号(主键)
bookname	文本	50	书名
btype	文本	3	图书类别代码

字 段 名 称	字 段 类 型	大 小	说 明
bauthor	文本	20	著者
bpublisher	文本	30	出版社
bpubdate	日期/时间	中日期	出版时间
bprice	货币	常规数字	价格（设小数位数为 2 位）
isbn	文本	10	ISBN
Bz	备注		用于对图书的其他说明

④ "图书信息表"的数据记录如表 2-11 所示。

表 2-11 "图书信息表"的数据记录

booktm	bookname	btype	bauthor	bpublisher	bpubdate	bprice	isbn	bz
C000001	Microsoft Windows 用户经验	002	刘冰	电子工业出版社	03-11-01	48	750533456X	光盘一张
C000002	操作系统篇 Windows XP	002	陈东川	清华大学出版社	03-11-01	22	7302647836	
C000003	中文版 Windows 2000 入门与提高	002	王海源	清华大学出版社	03-10-01	33	7302738490	光盘一张
C000004	Red Hat Linux9 宝典	002	张立昂	电子工业出版社	04-05-01	48.6	7505335792	
C000005	Widows 98 入门与技巧	002	李冰	清华大学出版社	04-03-01	27	7302847365	
C000006	Windows Server2003 技术内幕	002	顾涛	电子工业出版社	04-03-01	27.3	7505358739	光盘一张
C000007	计算机操作系统教程	002	张京涛	机械工业出版社	04-07-01	13.9	7111784855	
C000008	多用户操作系统——Windows 2000 Server	002	胡国宁	电子工业出版社	04-07-01	58	7505334237	
C000009	Windows XP 使用详解（SP2 版）	002	常辉	电子工业出版社	03-12-01	47	7505364934	光盘一张
C000010	大学计算机文化基础	009	胡咏霞	机械工业出版社	03-11-01	98	7111389486	

⑤ "图书类别表"的表结构如表 2-12 所示。

表 2-12 "图书类别表"的表结构

字 段 名 称	字 段 类 型	大 小	说 明
typeid	文本	3	图书类别代码（主键）
typename	文本	20	类别名称

⑥ "图书类别表"的数据记录如表 2-13 所示。

表 2-13 "图书类别表"的数据记录

typeid	typename	typeid	typename
001	程序设计语言	006	图形图像处理
002	操作系统	007	硬件与外设
003	网络通信技术	008	计算机理论
004	数据库技术	009	计算机文化
005	软件工程		

⑦ "图书流通信息表"的表结构如表 2-14 所示。

表 2-14 "图书流通信息表"的表结构

字 段 名 称	字 段 类 型	大　　小	说　　明
Id	自动编号		本表主键
studentid	文本	5	学生学号
bktm	文本	7	图书条码
bordate	日期/时间	中日期	借阅日期

⑧ "图书流通信息表"的数据记录如表 2-15 所示。

表 2-15 "图书流通信息表"的数据记录

id	studentid	bktm	bordate
5	0946101	C000003	04-12-19
6	0946103	C000004	04-12-19
11	0946105	C000005	04-12-19
13	0946202	C000012	04-12-19
14	0946104	C000027	04-12-19
15	0956206	C000022	04-12-20

⑨ 创建 "学生信息表"、"图书信息表" 和 "图书流通信息表" 3 个表之间的关系。

第 3 章 设计和创建查询

学习目标：

- 了解查询的功能及类型
- 掌握建立查询的准则
- 掌握使用向导和设计器的方法创建查询
- 掌握在查询中进行计算的方法
- 掌握使用 SQL 视图建立查询

3.1 任 务 描 述

在数据库中创建数据表之后，可以根据需要方便且快捷地从中检索出需要的各种数据。在本任务中，将利用选择查询和参数查询在"学生信息管理系统"中创建学生基本信息的相关查询；利用汇总查询统计每名同学的总分；利用交叉表查询，查询各专业男女生人数；利用操作查询，查询追加、更新、删除等操作；利用 SQL 查询，进行单表和多表的查询。

3.2 任 务 相 关 知 识

3.2.1 查询概述

1. 查询的概念

查询是数据库最重要和最常见的应用，它作为 Access 数据库中的一个重要对象，可以让用户根据指定条件对数据库进行检索，筛选出符合条件的记录，构成一个新的数据集合，从而方便用户对数据库进行查看和分析。查询的结果本身又可以看做是一个数据表，可以和其他数据表一起构成数据库操作的数据源，从而增强数据库设计的灵活性。

2. 查询的类型

查询可根据用户的需求，用一些限制条件来选择表中的数据。按照查询的方式，Access 的查询可以分为选择查询、参数查询、交叉表查询、操作查询、SQL 查询等。

（1）选择查询

利用选择查询可以从数据库的一个或多个表中抽取特定的信息，并将结果显示在一个数据表上供查看或编辑。利用选择查询，可对记录分组，并对分组中的字段值进行各种计算，如求平均、汇总、最小值、最大值以及其他统计。

（2）参数查询

执行参数查询时，屏幕将显示提示框。用户根据提示输入相关信息后，系统会根据用户输入的信息执行查询，找出符合条件的信息。参数查询分为单参数查询和多参数查询两种。执行查询时，只需要输入一个条件参数的称为单参数查询；而执行查询时，针对多组条件，需要输入多个参数条件的称为多参数查询。

（3）交叉表查询

交叉表查询是指将来源于某个表中的字段进行分组，一组列在数据表的左侧，一组列在数据表的上部，然后在数据表行与列的交叉处显示表中某个字段的各种统计值，如求和、求平均、统计个数、求最大值和最小值等。

（4）操作查询

操作查询是利用查询所生成的动态结果集对表中的数据进行更新的一类查询。操作查询主要有以下 4 种形式：

① 生成表查询：生成表查询可以根据一个或多个表中的全部或部分数据新建表。

② 追加查询：追加查询将一个或多个表中的一组记录添加到一个或多个表的末尾。

③ 更新查询：更新查询可以对一个或多个表中的一组记录作全局更改。

④ 删除查询：删除查询可以从一个或多个表中删除一组记录。

（5）SQL 查询

SQL（Structured Query Language，结构化查询语言）是用来查询、更新和管理关系型数据库的标准语言。SQL 查询就是用户使用 SQL 语句创建的查询，Access 中所有查询都可认为是一个 SQL 语句，在其他查询中，虽然不用输入 SQL 语句，但系统最终都将自动生成 SQL 查询。

3. 查询的用途

① 按照一定的准则对一个表或多个表中的数据进行重新组合，使这些数据在一个虚拟表中显示出来。

② 对查询到的数据进行计算、统计、分析或生成新表。

③ 设置查询参数，形成交互式的查询方式。

④ 使用交叉表查询，进行分组汇总。

⑤ 完成大量数据的更新，如添加、修改或删除。

⑥ 查询可作为其他查询、窗体和报表的数据源。

3.2.2　查询的视图

Access 2007 的每个查询主要有 3 个视图，即"数据表视图"、"设计视图"和"SQL 视图"。其中，"数据表视图"用于显示查询的结果数据；"设计视图"用于对查询设计进行编辑；"SQL 视图"用于显示与"设计视图"等效的 SQL 语句，3 种视图可以相互切换。

1. 查询的"数据表视图"

查询的"数据表视图"是以行和列的格式显示查询结果的窗口，如图 3-1 所示。在这个视图中，用户可以进行编辑字段、添加、删除和查找数据等操作，而且可以对查询进行排序和筛选等，也可以对行高、列宽及单元格风格进行设置以调整视图的显示风格。

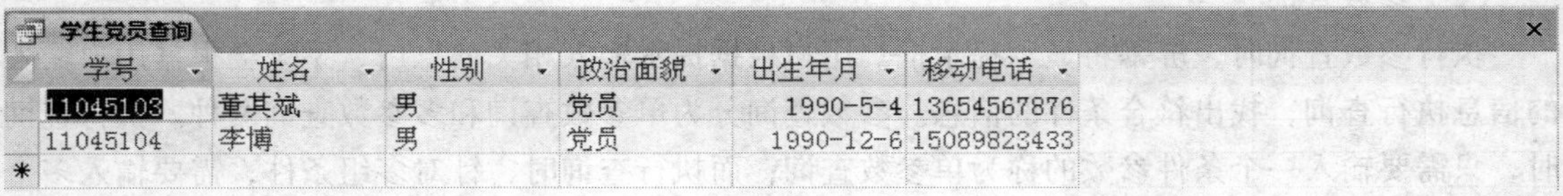

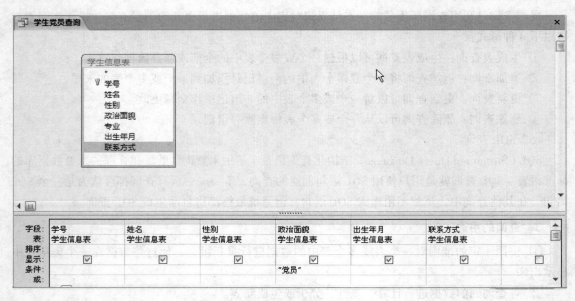

图 3-1 查询的"数据表视图"窗口

2. 查询的"设计视图"

查询的"设计视图"是用来设计查询的窗口，是查询设计器的图形化表示，利用它可以完成多种结构复杂、功能完善的查询。上半部分是"字段列表"区，放置查询的数据源。下半部分是"设计网格"区，放置在查询中显示的字段和在查询中需要设置条件的字段，如图 3-2 所示。

图 3-2 查询的"设计视图"窗口

"设计网格"区的各部分功能如下：

① 字段：可以在此处输入或加入字段名。

② 表：字段所在的表或查询的名称。

③ 排序：查询字段的排序方式（无序、升序、降序 3 种，默认为无序）。

④ 显示：利用复选框确定字段是否在数据表中显示。

⑤ 条件：可以输入查询条件。

⑥ 或：用于输入多个值的准则，与"条件"行成为"或"的关系。

3. 查询的"SQL 视图"

查询的"SQL 视图"用来显示或编辑查询的 SQL 语句，如图 3-3 所示。

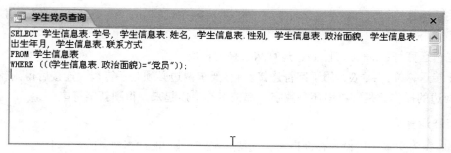

图 3-3 查询的"SQL 视图"窗口

3.2.3 设置条件查询

我们可以在选择查询中设置条件，进行带条件的查询以获得所需要的数据。下面介绍查询条件中的运算符、函数和表达式等知识，为设置条件查询建立基础。

1. 常量

常量是指固定的数据，在 Access 中有数字型常量、文本型常量、日期型常量和是否型常量。

① 数字型常量：直接输入数值，例如 123、123.45。

② 文本型常量：以双引号括起，例如"软件"。

③ 日期型常量：用符号#括起，例如#2012-10-10#。

④ 是否型常量：使用 yes 或 true 表示"是"，使用 no 或 false 表示"否"。

2. 通配符

（1）*代表任意多个任何字符

例如，李*，通配所有第一个字符为"李"的字符串。

（2）?代表任意一个任何字符

例如：李?，通配所有第一个字符为"李"且只有两个字符的字符串。

（3）[ ]通配方括号内的任何单个字符

例如，深[红绿黄]色，代表的字符串有深红色、深绿色、深黄色。

（4）!通配不在方括号内的任何单个字符

例如，深[!红绿黄]色，代表的字符串有深蓝色、深紫色等，中间的字不能是红、绿、黄 3 个字中的任何一个。

（5）-配指定范围内的任何字符，该范围必须是升序，通常针对英文字母。

例如，a[c-e]b，代表的字符串有 acb、adb、aeb。

（6）#代表任意一个数字字符

例如，4##4，代表的字符串有 4134、4604 等，第一个和最后一个必须是 4，中间两个可以是任何数字。

3. 普通运算符

① 算术运算符：+、−、*、/，乘、除同级，加、减同级，同级运算从左到右，乘、除运算优先于加、减运算。

② 关系运算符：>、>=、<、<=、!=、==，Access 系统用 true 或–1 表示"真"，用 false 或 0 表示"假"。

③ 逻辑运算符：not、and、or，运算结果是逻辑值。

④ 连接运算符：+、&，用于字符连接。+号要求两边必须是字符型，连接后得到新字符串。&号不论两边的操作数是字符串还是数字，都按字符串连起来，得到新字符串。

4．特殊运算符

① Like：为文本字段设置查询模式，支持通配符，如 like "李*"、like "*可*"。

② in：指定一个值列表作为查询的匹配条件，不支持通配符，如 in（"北京","上海","成都"）。

③ between：指定数据范围，用 and 连接起始数据和终止数据，如 between 10 and 50，相当于大于等于 10 并且小于等于 50。

④ is Null：查找为空的数据。

⑤ is not Null：查找非空的数据。

5．函数

（1）字符函数

① left 函数：从字符串左边取 n 个字符，得到左子串。

格式：left("字符串",n) 或 left(string 型变量名,n)

② right 函数：从字符串右边取 n 个字符，得到右子串。

格式：right("字符串",n) 或 right(string 型变量名,n)

③ mid 函数，从字串第 n1 个字符开始取 n2 个字符，得到子串。

格式：mid("字符串",n1,n2)或 mid(string 型变量名,n1,n2)

说明：如果省略 n2，则从字串第 n1 个字符开始直到最后。

（2）日期函数

① date 函数：返回系统当前日期。

格式：date( )或 date

② now 函数：返回系统当前日期和时间。

格式：now( )或 now

③ year 函数：返回日期数据中的年份。

格式：year(日期常量)或 year(日期/时间型变量名)

④ month 函数：返回日期数据中的月份。

格式：month(日期常量)或 month(日期/时间型变量名)

⑤ day 函数：返回日期数据中日子的号码。

格式：day(日期常量) 或 day(日期/时间型变量名)

（3）统计函数

① sum 函数，对数字型表达式求和。

格式：sum(数字型表达式)，如 sum([工资]+[奖金])

② avg 函数，对数字型表达式求平均值。

格式：avg(数字型表达式)，如 avg([成绩])

③ count 函数，对表达式统计个数。

格式：count(表达式)，如 count([学号])

④ max 函数，求数字型表达式的最大值。

格式：max(数字型表达式)，如 max([成绩])

⑤ min 函数，求数字型表达式的最小值。

格式：min(数字型表达式)，如 min([年龄])

6. 条件表达式

"条件表达式"是查询或高级筛选中用来识别所需记录的限制条件。它是运算符、常量、字段值、函数，以及字段名和属性等的任意组合，能够计算出一个结果。通过在相应字段的条件行上添加条件表达式，可以限制正在执行计算的组、包含在计算中的记录，以及计算执行之后所显示的结果。条件写在"设计视图"中的"条件"行和"或"行的位置上。若多个条件写在同一行上，则这多个条件之间是"与"的关系，而若多个条件写在不同行上，则这多个条件之间是"或"的关系。

为了快速、准确地输入表达式，Access 2007 提供了"表达式生成器"。"表达式生成器"提供了数据库中所有的表或查询中字段名称、窗体中的各种控件，还有函数、常量及操作符和通用表达式。该生成器包括表达式框、运算符按钮、表达式元素 3 部分，如图 3-4 所示。

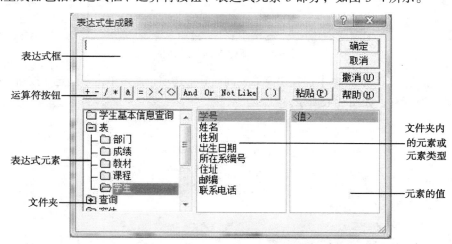

图 3-4 "表达式生成器"对话框

① 表达式框：位于生成器的上方，在其中创建表达式。

② 运算符按钮：显示一些常用的运算符按钮。

③ 表达式元素：包括三个框。左侧的框内包含多个文件夹，该文件夹中列出了表、查询、窗体等数据库对象，以及一些系统内置的函数、用户自定义的函数、常量、操作符和通用表达式。中间的框中列出了在左侧框内选定文件夹的元素或元素类别，右侧框内显示对应内容。

3.3 任 务 实 施

3.3.1 查询学生的政治面貌

分析：查询学生的政治面貌，即从"学生信息表"中提取学生姓名和政治面貌字段进行显示，因此可采用查询向导创建简单查询。

① 启动 Access 2007，打开创建的"学生信息管理系统"数据库。

② 在导航窗格中选中"学生信息表"，再单击"创建"选项卡"其他"组中的"查询向导"按钮，弹出图 3-5 所示的"新建查询"对话框。

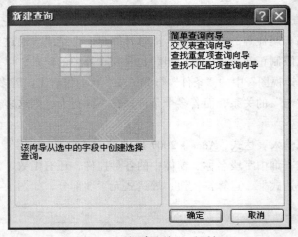

图 3-5 "新建查询"对话框

③ 在"新建查询"对话框中选择"简单查询向导"选项，然后单击"确定"按钮，弹出"简单查询向导"对话框，如图 3-6 所示。

图 3-6 "简单查询向导"对话框

④ 首先在"表/查询"下拉列表中选择"表：学生信息表"；然后在"可用字段"列表框中选择"姓名"字段并单击 > 按钮，Access 将选择的字段添加到"选定字段"列表框中，同样将"政

治面貌"字段添加到"选定字段"列表框中，如图 3-7 所示。

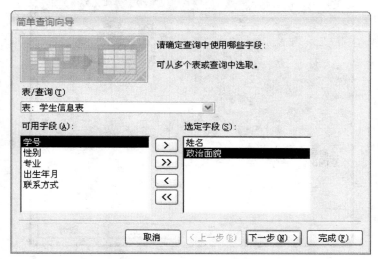

图 3-7 选定字段结果图

⑤ 单击"下一步"按钮，弹出图 3-8 所示的界面，输入查询名称"查询学生的政治面貌"，选择"打开查询查看信息"单选按钮。

⑥ 单击"完成"按钮，显示查询结果，如图 3-9 所示。

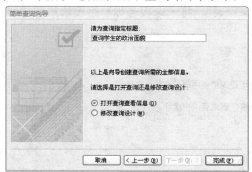

图 3-8 输入查询名称

图 3-9 查询结果

3.3.2 查询学生选修的课程

分析：在该查询中用到了"学生信息表"和"课程表"两张表中的字段，前提是已经建立了"学生信息表"、"课程表"和"学生课程表"之间的关系。显示字段为"姓名"和"课程名称"，因此可采用查询向导创建简单查询。

① 启动 Access 2007，打开创建的"学生信息管理系统"数据库。

② 单击"创建"选项卡"其他"组中的"查询向导"按钮，弹出图 3-10 所示的"新建查询"对话框。

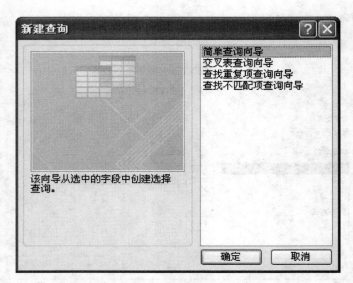

图 3-10 "新建查询"对话框

③ 在"新建查询"对话框中选择"简单查询向导"选项，然后单击"确定"按钮，弹出"简单查询向导"对话框。在"表/查询"下拉列表中选择"表：学生信息表"；然后在"可用字段"列表框中选择"姓名"字段并单击 > 按钮，Access 将选择的字段添加到"选定字段"列表框中。同样，在"表/查询"下拉列表中选择"表：课程表"，将"课程名称"字段添加到"选定字段"列表框中，如图 3-11 所示。

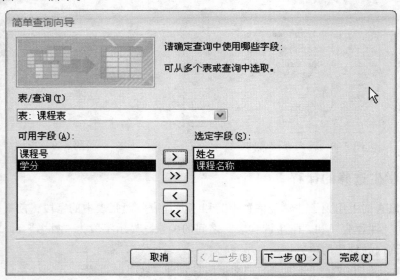

图 3-11 选定字段结果图

④ 单击"下一步"按钮，选择"明细"单选按钮，弹出图 3-12 所示的界面。

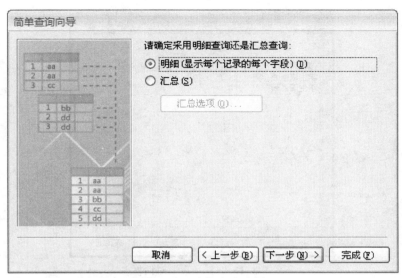

图 3-12 查询方式选择

⑤ 单击"下一步"按钮，输入查询名称"查询学生选修的课程"，选择"打开查询查看信息"单选按钮，单击"完成"按钮，显示查询结果，弹出图 3-13 所示的界面。

⑥ 单击"完成"按钮，显示查询结果，如图 3-14 所示。

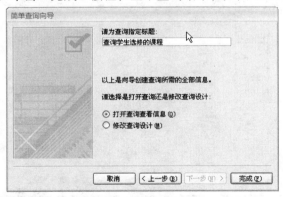

图 3-13 设置查询标题

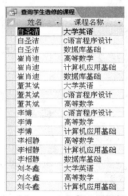

图 3-14 学生选修的课程查询结果

3.3.3 查询高等数学成绩在 80 分以上的同学

分析：实现带条件的查询，可以使用查询的设计视图创建查询，查询高等数学成绩在 80 分以上的同学，分别需要"学生信息表"、"课程表"和"学生成绩表" 3 个表中的"姓名"、"课程名称"和"成绩" 3 个字段，因此前提是已经建立了"学生信息表"、"课程表"和"学生成绩表"之间的关系，然后在显示结果时按"成绩"字段降序排列。

① 启动 Access 2007，打开创建的"学生信息管理系统"数据库。

② 单击"创建"选项卡"其他"组中的"查询设计"按钮，弹出图 3-15 所示的"显示表"对话框。

图 3-15 "显示表"对话框

③ 按住【Ctrl】键，单击 3 个表的名称，即可同时选中 3 个表，单击"添加"按钮，3 个表就会被添加在查询的设计视图上方的"字段列表"区中，如图 3-16 所示，再单击"关闭"按钮，关闭"显示表"对话框。

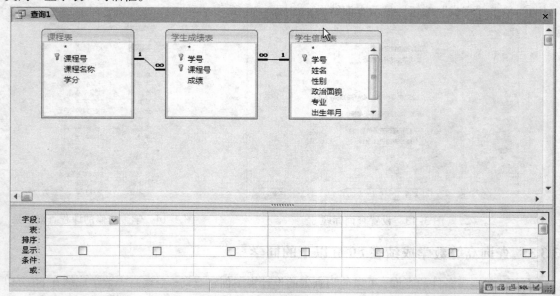

图 3-16 查询的设计视图

提示： 在查询设计视图中，若要再添加其他的表或查询，可以随时单击"设计"选项卡"查询设置"组中的"显示表"按钮，在弹出的对话框中加以选择。

④ 将"学生信息表"中的"姓名"字段拖拽到下方的"字段"中，该字段的其余信息将自动显示，"显示"复选框也自动勾选，表示此字段的数据内容可以在查询结果中显示出来。

⑤ 双击"课程表"中的"课程名称",可将"课程名称"添加到下方的"字段"中,用同样的方法将"成绩表"中的"成绩"也添加到下方的"字段"中,如图3-17所示。

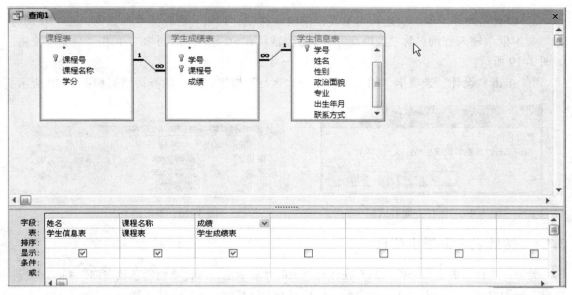

图3-17 添加查询字段

⑥ 首先在"课程名称"字段下面的"条件"文本框中输入条件"高等数学",然后在"成绩"字段下方的"条件"文本框中输入条件">=80",在"成绩"字段下面的"排序"列表框中选择"降序",如图3-18所示。

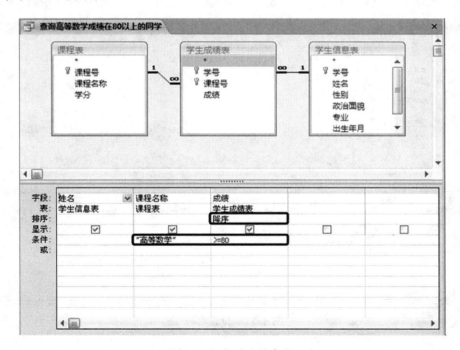

图3-18 构造查询条件

提示：两个条件在同一行上，是"与"的关系，如果想表示或的关系，需要一个条件写在"条件"行上，另一个条件写在"或"行上。

⑦ 设置完成后，单击快速访问工具栏中的 ![] 按钮，弹出"另存为"对话框，在"查询名称"文本框中输入查询名称"查询高等数据数学成绩在80分以上的同学"，单击"确定"按钮，如图 3-19 所示。

⑧ 单击"设计"选项卡"结果"组中的"运行"按钮，运行的查询结果如图 3-20 所示。

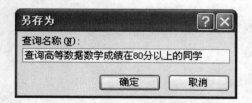

图 3-19　保存查询对话框

图 3-20　查询结果

3.3.4　按姓名查询学生信息

分析：本任务的查询条件，只有在运行查询时才能确定，因此要创建参数查询，Access 允许用户在查询设计视图中先输入一个参数，然后当查询运行时，再提示输入筛选条件的具体值。

① 启动 Access 2007，打开创建的"学生信息管理系统"数据库。

② 打开查询设计视图，添加"学生信息表"，将表中所有的字段添加到下方的设计网格区中。

③ 在"姓名"字段的"条件"行中输入"=[请输入学生姓名]"，如图 3-21 所示。

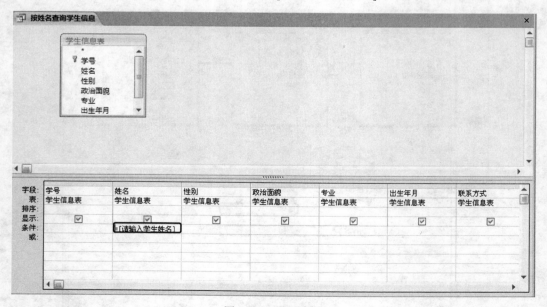

图 3-21　设置参数

④ 保存查询为"按姓名查询学生信息"。

⑤ 单击"设计"选项卡"结果"组中的"运行"按钮，弹出"输入参数值"对话框，如图 3-22 所示。

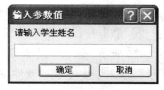

⑥ 输入学生姓名"李博"，单击"确定"按钮，结果如图 3-23 所示。

图 3-22 "输入参数值"对话框

图 3-23 参数查询结果

3.3.5 按性别和专业查询学生信息

分析：本任务有两个查询条件，只有两个条件都满足的记录才被查询出来，所以应该创建多参数查询，当查询运行时，先输入一个参数的具体值，再输入一个参数的具体值，满足两个条件的记录被查询出来。

① 启动 Access 2007，打开创建的"学生信息管理系统"数据库。

② 打开查询设计视图，添加"学生信息表"，将表中所有的字段添加到下方的设计网格区中。

③ 在"性别"字段的"条件"行中输入"=[请输入学生姓名]"，然后在"专业"字段的"条件"行中输入"=[请输入学生专业]"，如图 3-24 所示，如果是两个条件是或的关系，则一个条件写在"条件"行上，另一个条件写在"或"行上。

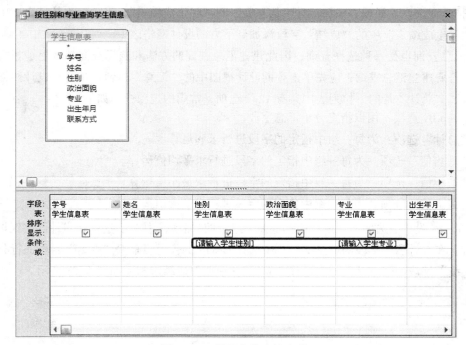

图 3-24 设置参数查询条件

④ 保存查询为"按性别和专业查询学生信息"。

⑤ 单击"设计"选项卡"结果"组中的"运行"按钮，弹出"输入参数值"对话框，如图 3-25 所示，输入学生性别"男"，单击"确定"按钮，又弹出"输入参数值"对话框，如图 3-26 所示，输入学生专业"软件技术"，单击"确定"按钮，显示结果如图 3-27 所示。

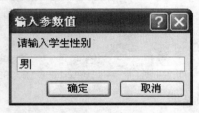 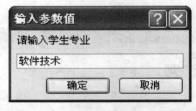

图 3-25 "输入参数值"对话框   图 3-26 "输入参数值"对话框

图 3-27 查询结果

3.3.6 统计每名学生的总分

分析：本任务要求统计每名同学的总分，这就需要"学生信息表"和"学生成绩表"两个表中"姓名"字段和"成绩"字段，并计算每名同学的成绩总和，所以本任务应使用汇总查询。

① 启动 Access 2007，打开创建的"学生信息管理系统"数据库。

② 打开查询设计视图，添加"学生信息表"和"学生成绩表"，将"学生信息表"中的"姓名"和"学生成绩表"中的"成绩"字段添加到下方的设计网格区中。

③ 汇总查询也是一种选择查询，因此建立汇总查询的方法和选择查询基本上是相同的，不同的是，若要建立汇总查询，应先单击查询设计视图中的"汇总"按钮，这样在设计网格区增加"总计"行。"总计"行的下拉列表中共有 12 个选项，常用的选项介绍如下：

- Group By 选项：用以指定分组汇总字段。
- "总计"选项：为每一组中指定的字段进行求和运算。
- "平均值"选项：为每一组中指定的字段进行求平均值运算。
- "最小值"选项：为每一组中指定的字段进行求最小值运算。
- "最大值"选项：为每一组中指定的字段进行求最大值运算。

④ 单击"设计"选项卡，在"显示/隐藏"组中的"汇总"按钮，这样在设计网格区增加"总计"一行。在"姓名"字段的"总计"行中选择 Group By，说明是按"姓名"字段进行分组，然后在"成绩"字段的"总计"行中选择"总计"，说明对成绩求和，如图 3-28 所示。

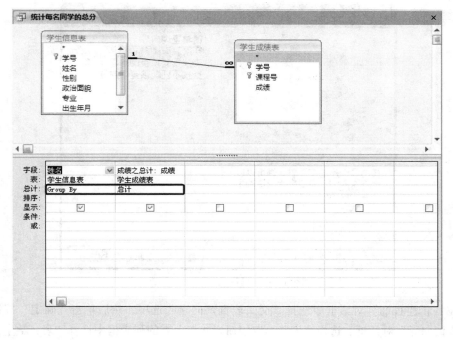

图 3-28 汇总查询

⑤ 保存查询名为"统计每名同学的总分"。

⑥ 单击"设计"选项卡"结果"组中的"运行"按钮，显示结果如图 3-29 所示。

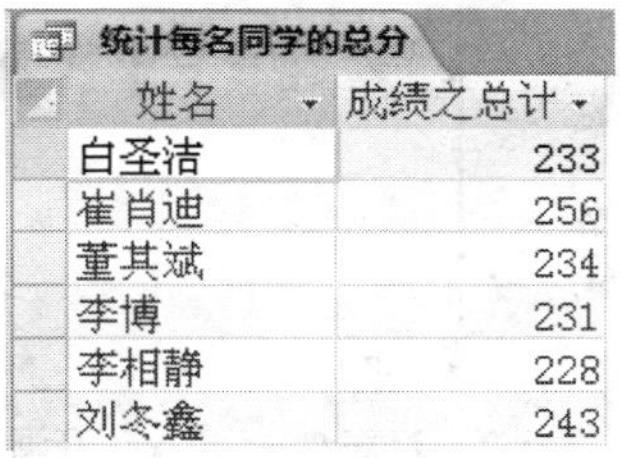

图 3-29 汇总查询结果

3.3.7 使用交叉表查询各专业男女生人数

分析：本任务要求查询各专业男女生人数，可以创建交叉表查询，这样查询结果以一个二维表格的形式显示，统计结果更加直观。

交叉表查询也是一种特殊的选择查询。交叉表查询首先对记录作总计、计数、平均值以及其他类型的汇总计算，并将查询结果进行分组显示，一组列在数据表的左侧作为行标题，另一组列在数据表的上部作为列标题，以二维表的形式显示汇总数据，这样可以更加方便地分析数据。交叉表查询可通过向导创建：

① 启动 Access 2007，打开创建的"学生信息管理系统"数据库。

② 在导航窗格中选中"学生信息表"，再单击"创建"选项卡"其他"组中的"查询向导"按钮，弹出图 3-30 所示的"新建查询"对话框。

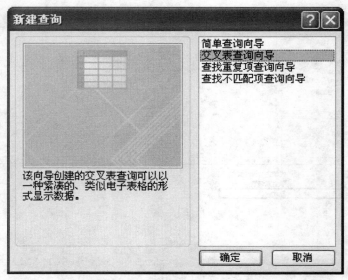

图 3-30 "新建查询"对话框

③ 在"新建查询"对话框中选择"交叉表查询向导"选项，然后单击"确定"按钮，弹出"交叉表查询向导"对话框，选择"表"单选按钮，并在上方的列表框中选择"表：学生信息表"，如图 3-31 所示。

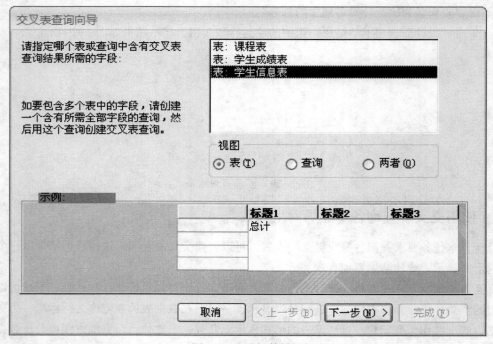

图 3-31 选择数据源

④ 单击"下一步"，弹出图 3-32 所示的界面，在"可用字段"列表框中选择"专业"字段并单击 > 按钮，Access 将选择的字段添加到"选定字段"列表框中，将"专业"字段作为行标题。

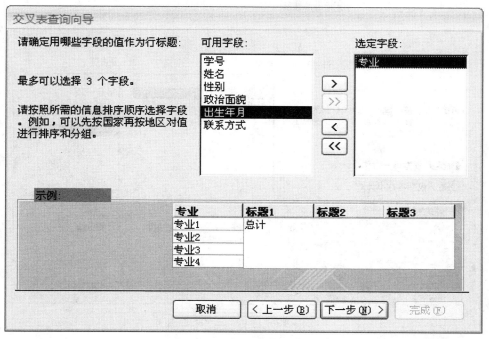

图 3-32　确定行标题

⑤ 单击"下一步"按钮，弹出图 3-33 所示的界面，选择"性别"作为列标题，如图 3-33 所示。

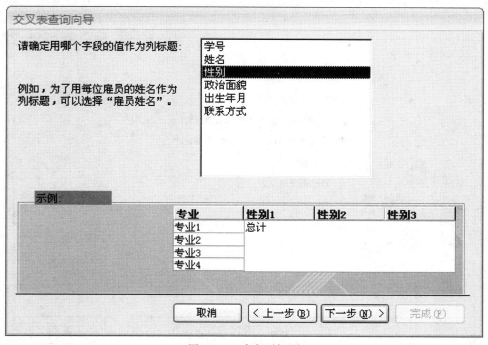

图 3-33　确定列标题

⑥ 单击"下一步"按钮，弹出图 3-34 所示的界面，在字段列表框中选择"姓名"字段，函

数列表框中选择"计数"。

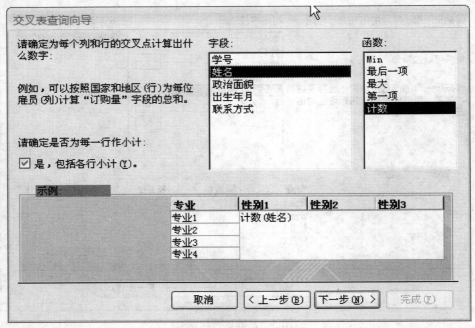

图 3-34　确定汇总计算值

⑦ 单击"下一步"按钮，弹出图 3-35 所示的界面，输入查询名称"使用交叉表查询各专业男女生人数"，选择"查看查询"单选按钮，单击"完成"按钮，显示查询结果，如图 3-36 所示。

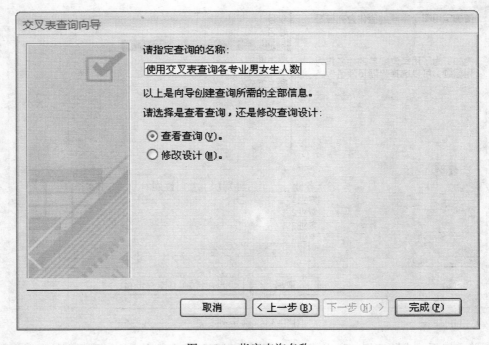

图 3-35　指定查询名称

使用交叉表查询各专业男女生人数			
专业	总计 姓名	男	女
动漫设计	1	1	
计算机网络	2	1	1
软件技术	3	1	2

图 3-36　交叉表查询结果

提示：前面介绍的几种查询方法都是根据特定的查询准则，从数据源中产生符合条件的动态数据集，但是并没有改变表中原有的数据。而操作查询是建立在选择查询的基础上，对原有的数据进行批量的更新、追加和删除，或者创建新的数据表等操作，Access 提供了 4 种操作查询：生成表查询、追加查询、更新查询和删除查询。

3.3.8　生成软件技术专业学生信息表

分析：本任务是将软件技术专业的学生信息查询结果保存在一个新表中，这种查询称为生成表查询。创建一个新表，所含字段与原表中字段的类型完全一致。

① 启动 Access 2007，打开创建的"学生信息管理系统"数据库。

② 打开查询设计视图，添加"学生信息表"，将表中所有的字段添加到下方的设计网格区中。

③ 在"专业"字段的"条件"行中输入"=软件技术"，如图 3-37 所示。

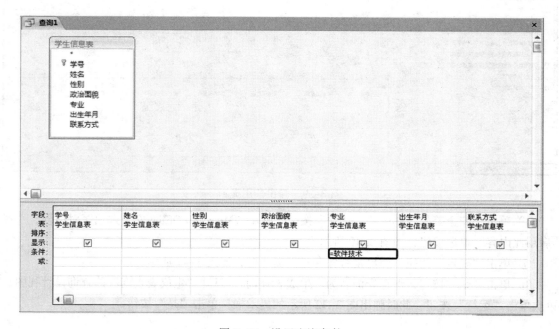

图 3-37　设置查询条件

④ 在"设计"选项卡的"查询类型"组中单击"生成表"按钮，弹出"生成表"对话框，在"表名称"文本框中输入"软件技术专业学生信息表"，并选择"当前数据库"单选按钮，然后

单击"确定"按钮，完成表名称的设置，如图 3-38 所示。

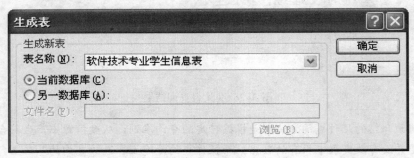

图 3-38 "生成表"对话框

⑤ 单击"运行"按钮，在 Access 消息栏中弹出禁用提示，如图 3-39 所示。

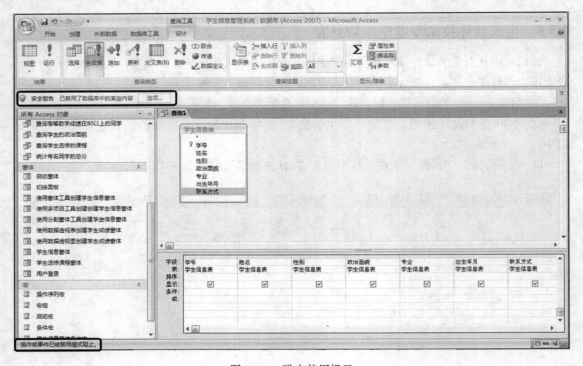

图 3-39 弹出禁用提示

⑥ 单击"安全警告"栏中的"选项"按钮，弹出"Microsoft Office 安全选项"对话框，选择"启用此内容"单选按钮，如图 3-40 所示。

⑦ 单击"确定"按钮，弹出是否保存查询提示框，如图 3-41 所示。

⑧ 单击"是"按钮，保存查询名为"生成表查询"，打开"生成表查询"的查询设计视图，再次单击"运行"按钮，此时弹出图 3-42 所示的提示框，单击"是"按钮。

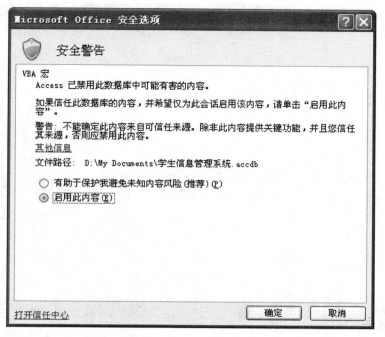

图 3-40　"Microsoft Office 安全选项"对话框

图 3-41　是否保存查询提示框

图 3-42　运行提示框

⑨　此时导航窗格列表框中出现"软件技术专业学生信息表",双击打开该表,其中都是满足条件的记录,如图 3-43 所示。

学号	姓名	性别	政治面貌	专业	出生年月	联系方式
11045105	李相静	女	团员	软件技术	1990-7-23	13656765689
11045106	刘冬鑫	男	团员	软件技术	1991-8-15	13956657777
11045101	白圣洁	女	团员	软件技术	1990-4-7	15698784556

图 3-43　生成表查询结果

3.3.9　将计算机网络专业的学生信息追加到"软件技术专业学生信息表"

分析:本任务是追加查询,追加查询就是将一组记录追加到一个或多个表中原有记录的后面,追加查询的结果是向有关表中自动添加记录。

①　启动 Access 2007,打开创建的"学生信息管理系统"数据库。

②　打开查询设计视图,添加"学生信息表",并将表中所有的字段作为查询字段。

③　在"专业"字段的"条件"行中输入"=计算机网络",如图 3-44 所示。

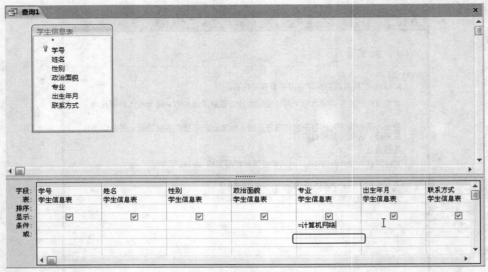

图 3-44 设置查询条件

④ 在"设计"选项卡的"查询类型"组中单击"追加"按钮，弹出"追加"对话框，在"表名称"下拉列表中选择"软件技术专业学生信息表"，如图 3-45 所示。

⑤ 单击"确定"按钮，此时设计视图窗口中添加"追加到"行，如图 3-46 所示。

图 3-45 "追加"对话框

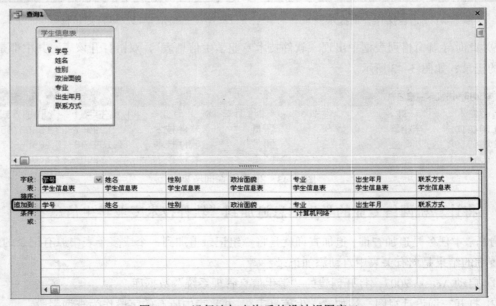

图 3-46 运行追加查询后的设计视图窗口

⑥ 单击“运行”按钮，弹出图 3-47 所示的提示框，单击“是”按钮。

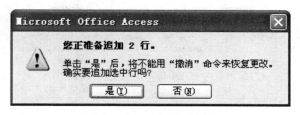

图 3-47　追加提示框

⑦ 关闭该查询，不保存该查询，打开“软件技术专业学生信息表”，此时可发现该表添加了两行记录，如图 3-48 所示。

软件技术专业学生信息表

学号	姓名	性别	政治面貌	专业	出生年月	联系方式
11045105	李相静	女	团员	软件技术	1990-7-23	1365676xxxx
11045106	刘冬鑫	男	团员	软件技术	1991-8-15	1395665xxxx
11045101	白圣洁	女	团员	软件技术	1990-4-7	1569878xxxx
11045102	崔肖迪	女	团员	计算机网络	1991-7-4	1398734xxxx
11045104	李博	男	党员	计算机网络	1990-12-6	1508982xxxx

图 3-48　追加记录后的结果

3.3.10　删除计算机网络专业的学生信息

分析：本任务是删除查询，删除查询就是从已有的一个或多个表中删除满足条件的记录。

① 启动 Access 2007，打开创建的“学生信息管理系统”数据库。

② 打开查询设计视图，添加“软件技术专业学生信息表”，并将表中所有的字段作为查询字段。

③ 在“专业”字段的“条件”行中输入“=计算机网络”，如图 3-49 所示。

字段:	学号	姓名	性别	政治面貌	专业	出生年月	联系方式
表:	软件技术专业学生信,	软件技术专业学生信,	软件技术专业学生信,	软件技术专业学生信,	软件技术专业学生信,	软件技术专业学生信,	软件技术专业学
排序:							
显示:	☑	☑	☑	☑	☑	☑	☑
条件:					计算机网络		
或:							

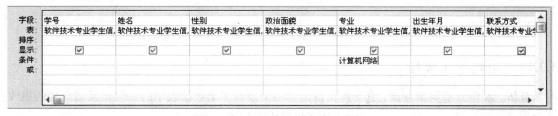

图 3-49　在设计视图中输入条件

④ 在“设计”选项卡的“查询类型”组中单击“删除”按钮，此时查询设计视图窗口中显示“删除”行，如图 3-50 所示。

字段:	学号	姓名	性别	政治面貌	专业	出生年月	联系方式
表:	软件技术专业学生信,	软件技术专业学生信,	软件技术专业学生信,	软件技术专业学生信,	软件技术专业学生信,	软件技术专业学生信,	软件技术专业学
删除:	Where	Where	Where	Where	Where	Where	Where
条件:					"计算机网络"		
或:							

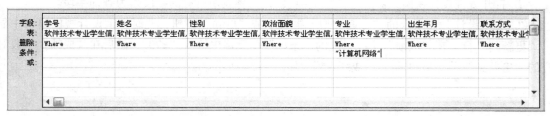

图 3-50　添加“删除”行

⑤ 切换到查询的"数据表视图"，系统把要删除的数据记录显示在数据表中，如图 3-51 所示。

学号	姓名	性别	政治面貌	专业	出生年月	联系方式
11045102	崔肖迪	女	团员	计算机网络	1991-7-4	13987342345
11045104	李博	男	党员	计算机网络	1990-12-6	15089823433

图 3-51 显示要删除的记录

⑥ 切换到查询的"设计视图"窗口，单击"运行"按钮，弹出图 3-52 所示的提示框。

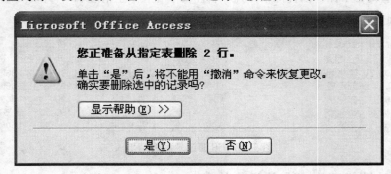

图 3-52 删除提示框

⑦ 单击"是"按钮，关闭查询设计视图窗口，不保存该查询。弹出"软件技术专业学生信息表"，该表的效果如图 3-53 所示。

学号	姓名	性别	政治面貌	专业	出生年月	联系方式
11045105	李相静	女	团员	软件技术	1990-7-23	13656765689
11045106	刘冬鑫	男	团员	软件技术	1991-8-15	13956657777
11045101	白圣洁	女	团员	软件技术	1990-4-7	15698784556

图 3-53 运行删除查询后的效果

3.3.11 更新学生成绩

分析：本任务是更新查询，更新查询就是对一个或者多个数据表中的一组记录做全局的更改，这样用户就可以通过添加某些特定的条件来批量更新数据库中的记录。

将成绩低于 70 分的学生的成绩加上 5 分。

① 启动 Access 2007，打开创建的"学生信息管理系统"数据库。

② 打开查询设计视图，添加"学生成绩表"，并将表中所有的字段作为查询字段。

③ 在"设计"选项卡的"查询类型"组中单击"更新"按钮，此时查询设计视图窗口中显示"更新到"行，在"成绩"字段对应的"条件"单元格中输入"<70"，然后在"成绩"字段对应的"更新到"单元格中输入"[成绩]+5"，如图 3-54 所示。

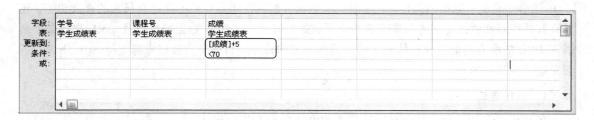

图 3-54　设置更新条件

④ 单击"运行"按钮，弹出图 3-55 所示的提示框。

图 3-55　更新提示框

⑤ 单击"是"按钮，关闭查询设计视图窗口，不保存该查询。打开"学生成绩表"，对照原来的"学生成绩表"，如图 3-56 所示，会发现成绩低于 70 分学生的成绩均加上了 5 分。

学生成绩表				学生成绩表		
学号	课程号	成绩		学号	课程号	成绩
11045101	101	78		11045101	101	78
11045101	102	90		11045101	102	90
11045101	105	70		11045101	105	65
11045102	103	92		11045102	103	92
11045102	104	75		11045102	104	75
11045102	105	89		11045102	105	89
11045103	101	72		11045103	101	67
11045103	102	89		11045103	102	89
11045103	103	78		11045103	103	78
11045104	102	70		11045104	102	65
11045104	103	87		11045104	103	87
11045104	104	79		11045104	104	79
11045105	103	68		11045105	103	63
11045105	104	77		11045105	104	77
11045105	105	88		11045105	105	88
11045106	101	74		11045106	101	74
11045106	103	86		11045106	103	86
11045106	104	83		11045106	104	83

图 3-56　新旧"学生成绩表"对照

3.4　任务拓展

3.4.1　认识 SQL

建立数据库的目的是为了能够安全高效地进行数据操作。在数据库中，通过结构化查询语言

（SQL 语言）完成对数据的操作。SQL 是关系数据库的标注语言，它不仅具有强大的查询功能，还具有数据控制和数据定义等功能，它集合了数据定义语言 DDL、数据操纵语言 DML 和数据控制语言 DCL 的所有功能，充分体现了关系数据语言的特点。目前所有数据库都支持 SQL 语言，下面介绍一些简单的 SQL 语句。

1. 数据查询

在 SQL 语言中，最常用、功能最强大的语句是 SELECT 语句。使用 SELECT 语句，不但可以检索到所需数据，还可以对检索到的数据进行简单的处理。

（1）基本查询语句

将 SQL 语言中能实现基本查询功能的语句称为基本查询语句，这类语句只能实现简单的查询功能，其语法格式如下：

```
SELECT <列名 1, 列名 2, …, 列名 n> FROM <表名>
WHERE <条件表达式>
```

通过基本查询语句，可以将符合条件的记录作为一个集合输出。可以在语句中指定需要显示的列，也可以用*表示显示所有列，例如，显示"学生信息表"中所有女生的完整记录，可以使用下面的语句：

```
SELECT * FROM 学生信息表
WHERE 性别='女'
```

（2）扩展查询语句

为了扩充 SELECT 语句的功能，可以在 SELECT 语句中添加扩展查询选项。

● DISTINCT 选项。用于删除查询中重复的记录，例如，查找"学生信息表"中的"专业"列，如果使用语句：

```
SELECT 专业 FROM 学生信息表
```

则查询结果中会出现重复，因为有多个学生会在同一个专业，改为下面的语句：

```
SELECT DISTINCT 专业 FROM 学生信息表
```

则一个专业只显示一条记录。

● GROUP BY 选项。使用 GROUP BY 选项可以将查询结果按指定字段显示，其语法格式如下：

```
SELECT <列名> FROM <表名>
WHERE <条件表达式>
GROUP BY <列名>
```

例如，按专业分组，查询所有女同学的信息，可以使用下面的语句：

```
SELECT * FROM 学生信息表
WHERE 性别='女'
GROUP BY 专业
```

● ORDER BY 选项。使用 ORDER BY 选项可以将查询结果按照指定字段中数据的规律进行排序，其语法格式如下：

```
SELECT <列名> FROM <表名>
WHERE <条件表达式>
ORDER BY <列名>
```

例如，将 STUDENT 表中的记录按出生年月的大小进行排序，可以使用下面的语句：

```
SELECT * FROM STUDENT
ORDER BY 出生年月
```

2．添加数据

INSERT 语句用于将一条记录插入指定的数据表中。

（1）完整插入

如果一张数据表中有 n 个字段，在插入一条记录时对每个字段赋值，然后将该记录插入表中，这样的插入模式称为完整插入，其语法格式如下：

```
INSERT INTO <表名> (字段1，字段2，…，字段n)
VALUES(取值1，取值2，…，取值n)
```

例如，要向"学生信息表"中完整插入一条记录时，可以使用下面的语句：

```
INSERT INTO 学生信息表
VALUES('110633','王鹏','男','团员','汽车维修','1989-11-9','13657863455')
```

（2）非完整插入

如果一张数据表中有 n 字段，在插入数据时只对其中有限的 m 个字段赋值，而其余 n－m 个字段没有赋值，这样的插入模式称为非完整插入，其语法格式如下：

```
INSERT INTO<表名>(字段，字段2，…，字段m)
VALUES(取值1，取值2，…，取值m)
```

例如，要以非完整插入模式在 STUDENT 表中添加一条数据，可以使用下面的语句：

```
INSERT INTO 学生信息表(学号,姓名) VALUES('100812','李婷')
```

在非完整插入记录时，没有插入数据的列自动添加为空值。

（3）注意事项

在插入数据过程中，要注意以下两点：

① 不能插入重复记录，即同一条记录不能插入两次。

② 在插入数据时，插入字段的属性与属性值必须一一对应。

3．修改数据

UPDATE 语句用于修改数据表中的数据。

（1）有条件修改

在修改表中数据时，可以预先设定修改的条件，只有满足条件的数据才能进行修改。其语法格式如下：

```
UPDATE <表名>
SET <字段1> = <赋值1>，<字段2> = <赋值2>，…
WHERE <条件表达式>
```

例如，可以通过下面的语句将"学生信息表"中"王鹏"的政治面貌修改为"党员"。

```
UPDATE 学生信息表
SET  政治面貌='党员'
WHERE  姓名='王鹏'
```

（2）无条件修改

在未设定任何条件的情况下修改表中的数据，称为无条件修改。此时表中所有记录的值都会更新，其语法格式如下：

```
UPDATE <表名>
SET <字段1> = <赋值1>，<字段2> = <赋值2>，…
```

例如，将"学生信息表"中软件技术专业所有人的性别修改为"女"，班级修改为"软件10461班"，可以使用下面的语句：

```
UPDATE  学生信息表
SET  性别='女'  where 专业='软件技术'
```

4．删除数据

使用 SQL 语言中的 DELETE 语句可以删除一条记录。与 UPDATE 语句相同，DELETE 语句也分为有条件删除与无条件删除两种。

（1）有条件删除语句

使用有条件删除语句可以删除数据库中符合条件的记录，其格式如下：

```
DELETE FROM <表名>
WHERE <条件表达式>
```

例如，删除 STUDENT 表中性别为"女"的学生，可以用下面语句来实现：

```
DELETE FROM  学生信息表
WHERE 性别='女'
```

（2）无条件删除语句

无条件删除是指根据条件要求，删除数据库表中所有满足条件的记录，如果不指定条件，则删除表中的所有记录。

例如，要删除"学生信息表"中所有的记录，可以使用下面的语句：

```
DELETE FROM 学生信息表
```

3.4.2 创建 SQL 单表查询

分析：本任务是单表查询，就是对一个表中的数据使用 SELECT 语句进行查询。

例如，使用 SQL 语句查询女生的基本信息，在查询结果中显示学号、姓名、性别和联系方式4 个字段。

① 打开创建的"学生信息管理系统"数据库。

② 单击"创建"选项卡"其他"组中的"查询设计"按钮，弹出"显示表"对话框，添加"学生信息表"。

③ 单击"查询工具设计"选项卡"结果"组中的"SQL 视图"按钮，在弹出的列表中选择"SQL视图"选项，切换到 SQL 视图，显示图 3-57 所示的输入 SQL 语句的窗口。

④ 根据查询要求，输入 SQL 语句，输入结果如图 3-58 所示。

⑤ 单击"查询工具设计"选项组"结果"组中的"运行"按钮，即可预览查询结果，如图 3-59 所示。

⑥ 切换到设计视图，可以查看设计视图的设计效果，如图 3-60 所示。

⑦　单击"保存"按钮，以"SQL 单表查询"名称保存。

图 3-57　输入 SQL 语句的窗口

图 3-58　输入单表查询的 SQL 语句 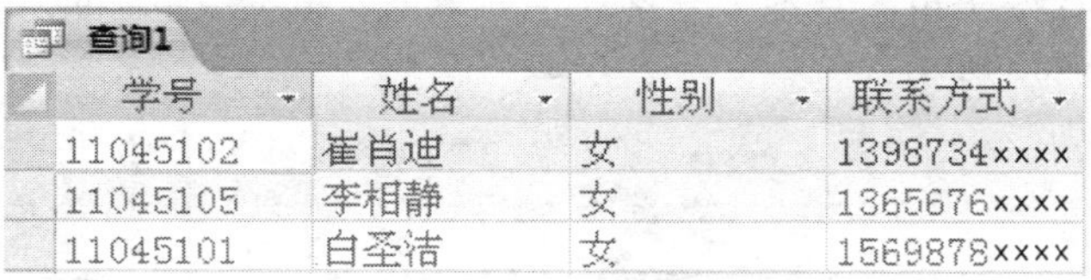　　　　　　图 3-59　SQL 单表查询的结果

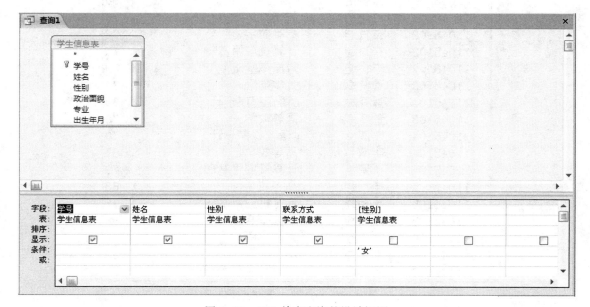

图 3-60　SQL 单表查询的设计视图

3.4.3 创建 SQL 多表查询

分析：本任务是多表查询，就是对多个表中的数据使用 SELECT 语句进行查询，多表中的字段必须以“表名称.字段名”的形式引用。

例如，使用 SQL 语句查询学生的成绩，在查询结果中显示学号、姓名、课程名称和成绩 4 个字段。

① 打开创建的“学生信息管理系统”数据库。

② 单击“创建”选项卡“其他”组中的“查询设计”按钮，弹出“显示表”对话框，添加“学生信息表”、“课程表”和“学生成绩表”。

③ 单击“查询工具设计”选项卡“结果”组中的“SQL 视图”按钮，在弹出的列表中选择“SQL 视图”选项，切换到 SQL 视图，根据查询要求，输入 SQL 语句，输入结果如图 3-61 所示。

查询1

```
SELECT 学生信息表.学号,学生信息表.姓名,课程表.课程名称,学生成绩表.成绩
FROM 学生信息表 INNER JOIN (课程表 INNER JOIN 学生成绩表 ON 课程表.课程号 = 学生成绩表.课程号) ON 学生信息表.学号 = 学生成绩表.学号;
```

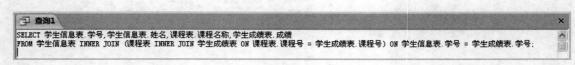

图 3-61 输入多表查询的 SQL 语句

④ 单击“查询工具设计”选项卡“结果”组中的“运行”按钮，即可预览查询结果，如图 3-62 所示。

查询1

学号	姓名	课程名称	成绩
11045101	白圣洁	大学英语	78
11045101	白圣洁	C语言程序设计	90
11045101	白圣洁	数据库基础	70
11045102	崔肖迪	高等数学	92
11045102	崔肖迪	计算机应用基础	75
11045102	崔肖迪	数据库基础	89
11045103	董其斌	大学英语	72
11045103	董其斌	C语言程序设计	89
11045103	董其斌	高等数学	78
11045104	李博	C语言程序设计	70
11045104	李博	高等数学	87
11045104	李博	计算机应用基础	79
11045105	李相静	高等数学	68
11045105	李相静	计算机应用基础	77
11045105	李相静	数据库基础	88
11045106	刘冬鑫	大学英语	74
11045106	刘冬鑫	高等数学	86
11045106	刘冬鑫	计算机应用基础	83

图 3-62 SQL 多表查询的结果

⑤ 切换到设计视图，可以查看设计视图的设计效果，如图 3-63 所示。

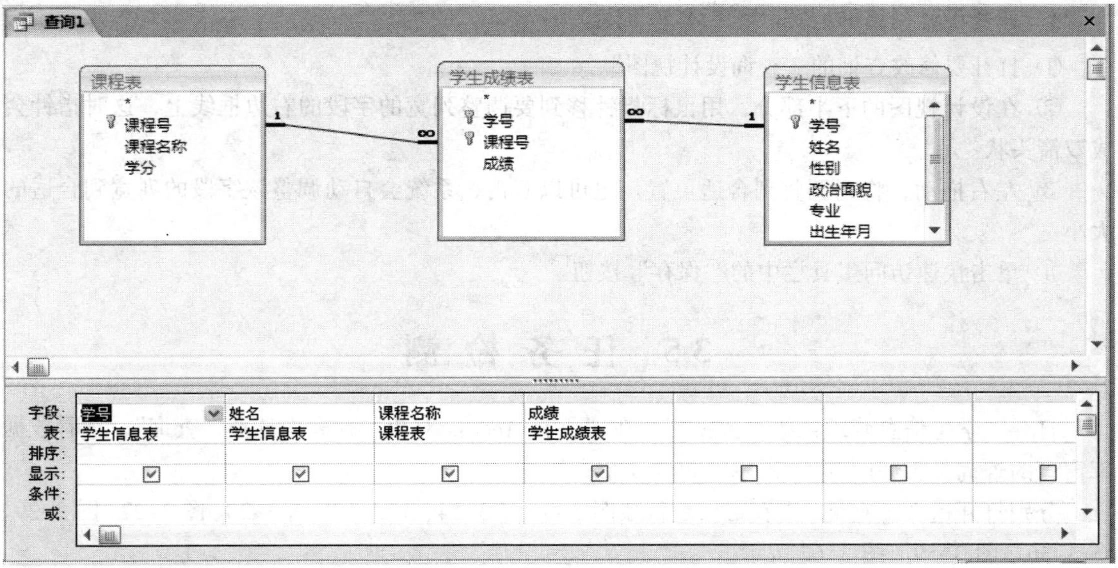

图 3-63　SQL 多表查询的设计视图

⑥ 单击"保存"按钮，以"SQL 多表查询"名称保存。

3.4.4　编辑查询

分析：在查询创建好之后，可以对原有的设计进行修改，包括在查询中增加、删除或移动字段，修改查询需要在查询设计视图的环境中进行。

1．增加字段

① 在"学生信息管理系统"数据库窗口的导航格中选择"查询"对象，并双击需要修改的查询。

② 切换到查询的设计视图，在"查询设计视图"上半部分的字段列表中单击一个字段或用【Ctrl】键选取多个字段，然后将其拖到下半部分相应的字段位置上。如果要一次将整个表的所有字段加入查询，则将字段列表中代表所有字段的*拖到合适的位置即可。

③ 单击"保存"按钮，保存对查询的修改。

2．删除字段

① 打开要修改查询的"查询设计视图"。

② 在设计视图的下半部分，单击选择所要删除的字段或按住【Shift】键以选择多个字段。

③ 单击"设计"选项卡"查询设置"组中的"删除列"按钮。

④ 单击"保存"按钮，保存对查询的修改。

3．移动字段

① 打开要修改查询的"查询设计视图"。

② 在设计视图的下半部分，选择所要移动一个或多个字段，将它们拖拽到合适的位置。

③ 单击"保存"按钮，保存对查询的修改。

4. 调整设计网络的列宽

① 打开要修改查询的"查询设计视图"。

② 在设计视图的下半部分，用鼠标指针移到要调整列宽的字段的右边框线上，这时指针会成双箭头状。

③ 左右拖动，将列调整到合适位置。也可以双击，系统会自动调整该字段的列宽到合适的大小。

④ 单击快速访问工具栏中的"保存"按钮。

3.5 任 务 检 测

打开"学生信息管理系统"数据库，在"所有 Access 对象"列表中选择"查询"，查看数据库窗口的查询是否如图 3-64 所示，包含 9 个查询。

分别打开这 9 个查询，查看结果是否如图 3-9、图 3-14、图 3-20、图 3-23、图 3-27、图 3-29、图 3-36、图 3-59、图 3-62 所示。

打开"学生信息管理系统"数据库，在"所有 Access 对象"列表中选择"表"，查看数据库窗口的表是否如图 3-65 所示，包含 4 个表，其中"软件技术专业学生信息表"是通过查询新生成的，双击打开查询表的内容，查看结果是否如图 3-43 所示。

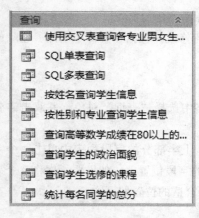

图 3-64 数据库所含的九个查询

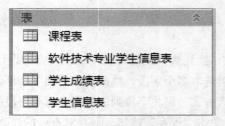

图 3-65 数据库所含的表

3.6 任 务 总 结

本章主要通过 13 个查询子任务，对 Access 提供的选择查询、参数查询、汇总查询、交叉表查询、操作查询、SQL 查询做了较为全面的阐述。在本章中，利用选择查询和参数查询在"学生信息管理系统"创建了学生基本信息的相关查询；利用汇总查询统计每名同学的总分；利用交叉表查询，查询了各专业男女生人数；利用操作查询完成了追加、更新、删除等操作；利用 SQL 查询完成了单表和多表的查询。

3.7　技能训练

实验目的：

- 掌握使用查询向导创建查询的方法
- 掌握使用查询的设计视图创建查询的方法
- 掌握使用 SQL 视图创建查询的方法
- 掌握在查询中进行统计计算的方法

实验内容：

打开"图书管理系统"数据库，在数据库中创建如下查询：

① 使用查询向导，查询"学生信息表"中学生的"学号"、"姓名"和"班级名称"信息。

② 使用查询设计视图，查询"图书信息表"中"清华大学出版社"的图书信息。

③ 使用查询设计视图，查询学生借阅图书的信息，包括"学号"、"姓名"、"书名"、"借阅日期"。

④ 使用 SQL 视图，查询"图书信息表"中的"书名"、"著者"、"出版社"和"价格"信息。

⑤ 使用参数查询，通过输入图书的条码号，查询图书的基本信息。

⑥ 使用查询设计视图，查询"图书信息表"中"价格"大于 30 元的图书信息。

⑦ 统计"电子工业出版社"图书的平均价格。

⑧ 使用交叉表查询，查询各出版社各类图书的数量。

⑨ 将"学生信息表"中的 09462 班的同学信息，生成一个新表，表名为"09462 班学生信息表"。

⑩ 删除"学生信息表"中的 09462 班的同学信息。

第 **4** 章　设计和制作窗体

学习目标：

- 了解窗体的基本组成
- 掌握使用窗体向导创建窗体的方法
- 掌握使用窗体设计器创建自定义窗体
- 掌握常见窗体控件功能、主要属性和操作
- 掌握利用窗体和控件的属性修改窗体及美化窗体的方法

4.1　任务描述

在 Access 应用程序中，所有操作都是在各种各样的窗体内进行的，本任务主要是使用不同的方法建立"学生信息窗体"、"学生选修课程窗体"、"学生成绩窗体"，再建立切换面板，在切换面板上显示这 3 个窗体项目。

4.2　任务相关知识

4.2.1　窗体概述

1．窗体的概念

窗体是一个交互平台与窗口，窗体对象允许用户采用可视化的直观操作设计数据输入、输出界面和应用系统控制界面，通过窗体与数据库的互动，实现数据的输入、查看等功能。它的外观和一般的窗口一样，在窗体中，可以显示标题、日期、页码、图形和文本等元素。

2．窗体的功能

窗体作为 Access 数据库的重要组成部分，起着联系数据库与用户的桥梁作用。

① 以窗体作为输入界面时，它可以接受用户的输入，判定其有效性、合理性，并响应消息执行一定的功能。

② 以窗体作为输出界面时，它可以输出一些记录集中的文字、图形图像，还可以播放声音、视频动画、实现数据库中的多媒体数据处理。

③ 窗体还可作为控制驱动界面，用它将整个系统中的对象组织起来，从而形成一个连贯、

完整的系统。

4.2.2　窗体的类型

根据显示数据的方式不同，Access 2007 提供了下列类型的窗体：纵栏式窗体、多个项目式窗体、分割窗体、数据表窗体、数据透视表窗体、数据透视图窗体和模式对话框窗体等，下面介绍几种常用的窗体。

1．纵栏式窗体

纵栏式窗体是最常用的窗体类型，每次只显示一条记录，窗体中显示的记录按列分割，每列的左边显示字段名，右边显示字段的值，如图 4-1 所示。

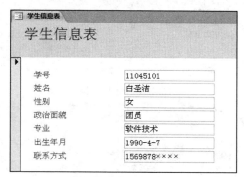

图 4-1　纵栏式窗体

2．多个项目式窗体

多个项目式窗体可以同时显示来自多条记录的信息，其中每个记录占一行，如图 4-2 所示。

学号	姓名	性别	政治面貌	专业	出生年月	联系方式
11045101	白圣洁	女	团员	软件技术	1990-4-7	1569878××××
11045102	崔肖迪	女	团员	计算机网络	1991-7-4	1398734××××
11045103	董其斌	男	党员	动漫设计	1990-5-4	1365456××××
11045104	李博	男	党员	计算机网络	1990-12-6	1508982××××
11045105	李相静	女	团员	软件技术	1990-7-23	1365676××××
11045106	刘冬鑫	男	团员	软件技术	1991-8-15	1395665××××

图 4-2　多个项目式窗体

3．分割窗体

分割窗体可同时提供数据的窗体视图和数据表视图，如图 4-3 所示。

4．数据表窗体

数据表窗体就是数据表视图，以表格的形式显示数据，如图 4-4 所示。

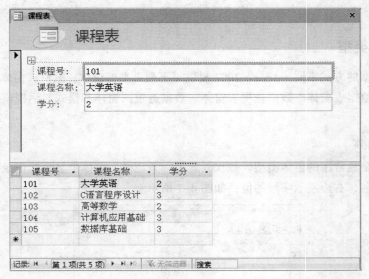

图 4-3   分割窗体

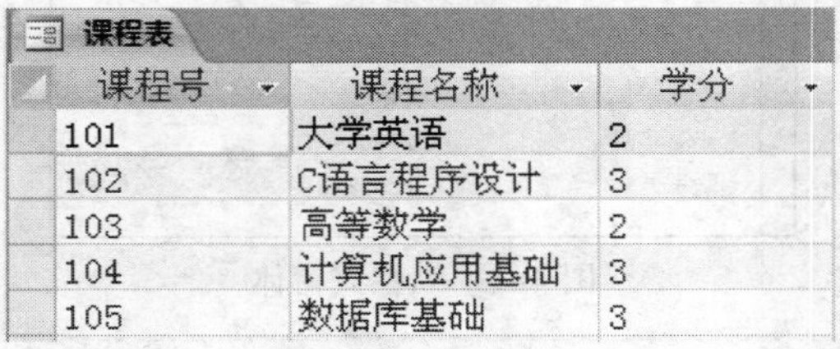

图 4-4   数据表窗体

5. 数据透视表窗体

数据透视表是指通过指定格式（布局）和计算方法（求和、平均值等）汇总数据的交互式表，用此方法创建的窗体称为数据透视表窗体，如图 4-5 所示。

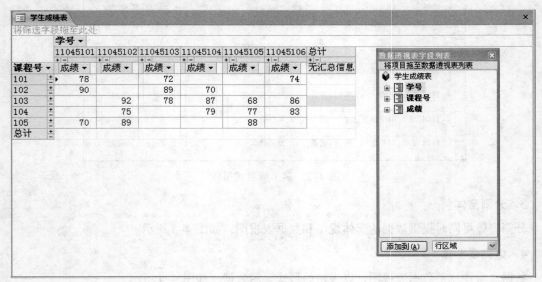

图 4-5   数据透视表窗体

6．数据透视图窗体

数据透视图以图表的形式显示数据，便于用户作数据分析，如图 4-6 所示。

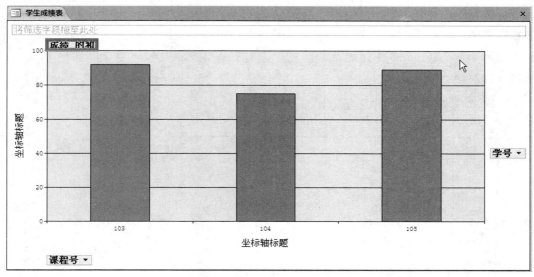

图 4-6 数据透视图窗体

4.2.3 窗体的视图

Access 2007 数据库中的窗体主要有 6 种视图，分别是窗体视图、设计视图、布局视图、数据表视图、数据透视表视图、数据透视图视图，下面介绍这几种常用的窗体视图。

1．窗体视图

窗体视图用于显示记录数据、添加和修改表中数据的窗口，在导航窗格中双击某个窗体对象，即可打开窗体的窗体视图，如图 4-7 所示。在窗体视图中，每次只能查看一条记录，可以使用下方的导航按钮在记录间进行浏览。

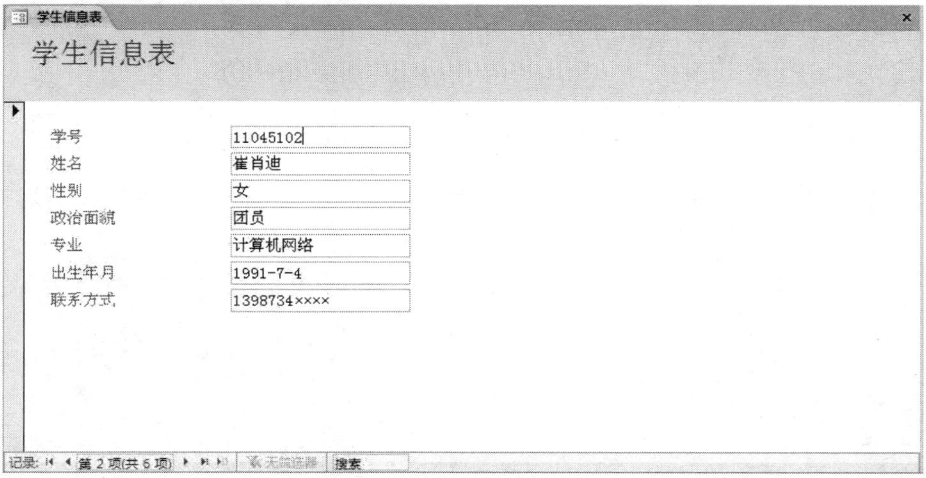

图 4-7 窗体视图

2. 设计视图

设计视图用于创建窗体或修改窗体,以设计视图方式打开窗体,主要是对窗体内容进行修改。打开相应的窗体,单击"开始"选项卡"视图"组中的"视图"按钮,在弹出的列表中选择"设计视图"选项,即可打开窗体的设计视图,如图 4-8 所示。

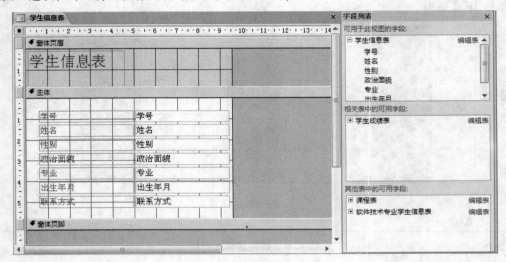

图 4-8　窗体的设计视图

3. 布局视图

布局视图更注重于外观,在布局视图中查看窗体时,每个控件都显示真实数据。因此,该视图非常适合设置控件的大小或者执行其他许多影响窗体的视觉外观和可用性任务。创建窗体后,可以轻松地在布局视图中对其设计进行调整。用实际的窗体数据作为指导,可以重新排列控件并调整控件的大小。可以向窗体中添加新控件,并设置窗体及其控件的属性。打开相应的窗体,单击"开始"选项卡"视图"组中的"视图"按钮,在弹出的列表中选择"布局视图"选项,即可切换到窗体的布局视图,如图 4-9 所示。

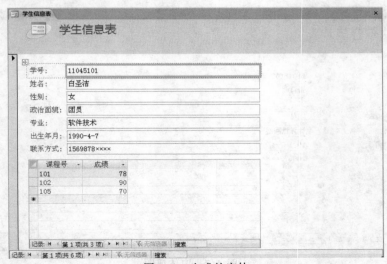

图 4-9　生成的窗体

4．数据表视图

数据表视图是以行列格式显示表、查询或窗体数据的窗口，在数据表视图中，可以浏览、编辑、添加、删除或查找数据（见图 4-4）。

5．数据透视表视图

数据透视表视图是用来打开数据透视表中的数据绑定的窗体的视图方式，类似 Excel 的数据透视表，通过对大量数据进行分析，修改横纵交叉表格，从而查看明晰数据或汇总数据（见图 4-5）。

6．数据透视图视图

数据透视图视图是用来打开数据透视图中的数据绑定的窗体的视图方式，用于显示数据表或窗体中数据的图形分析的视图，如图 4-6 所示。

4.3　任务实施

4.3.1　创建"学生信息窗体"

1．使用窗体工具创建新窗体

分析：利用窗体工具，只需单击一次鼠标便可以创建窗体。使用工具时，来自基础数据源的所有字段都放置在窗体上。用户可以立即开始使用新窗体，也可以在布局视图或设计视图中修改该新窗体以更好地满足需要。

① 启动 Access 2007，打开创建的"学生信息管理系统"数据库。

② 在导航窗格中选择"学生信息表"，再单击"创建"选项卡"窗体"组中的"窗体"按钮，生成图 4-9 所示的窗体。

③ 单击快速访问工具栏中的"保存"按钮，弹出"另存为"对话框，将窗体以名称"使用窗体工具创建学生信息窗体"进行保存，单击"确定"按钮，如图 4-10 所示。

图 4-10　保存窗体

提示：如果用于创建窗体的表或查询具有一对多的关系，则 Access 将向窗体中添加一个数据表，显示相关联的其他表中的数据，例如，因为"学生信息表"和"学生成绩表"相关联，所以数据表中显示了相关联的"学生成绩表"的记录。如果不需要该数据表，可以将其从窗体设计视图中删除。

2．使用分割窗体工具创建分割窗体

分析：分割窗体可以同时提供数据的两种视图，即窗体视图和数据表视图。

① 启动 Access 2007，打开创建的"学生信息管理系统"数据库。

② 在导航窗格中选中"学生信息表",再单击"创建"选项卡"窗体"组中的"分割窗体"按钮,生成图4-11所示的窗体。

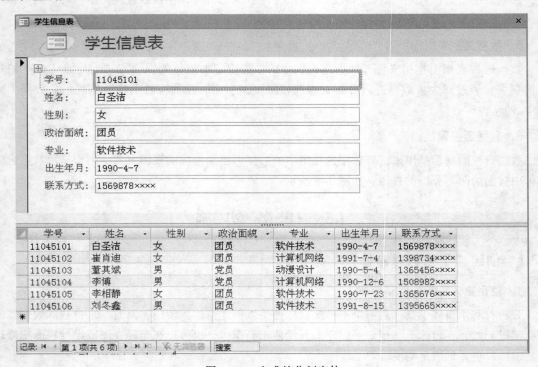

图4-11 生成的分割窗体

提示:分割窗体中的两种视图连接到同一数据源,并且总是保持相互同步。如果在窗体的一个部分中选择了一个字段,则会在窗体的另一部分中选择相同的字段。

③ 单击快速访问工具栏中单击"保存"按钮,弹出"另存为"对话框,将窗体以名称"使用分割窗体工具创建学生信息窗体"进行保存,单击"确定"按钮,如图4-12所示。

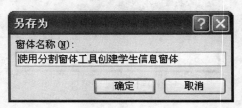

图4-12 "另存为"对话框

3. 使用多项目工具创建显示多个记录的窗体

分析:使用窗体工具创建的窗体一次只能显示一个记录,而使用多项目工具创建的窗体是以数据表形式显示的,其中每一条记录占一行。

① 启动Access 2007,打开创建的"学生信息管理系统"数据库。

② 在导航窗格中选中"学生信息表",再单击"创建"选项卡"窗体"组中的"多个项目"按钮,生成图4-13所示的窗体。

学号	姓名	性别	政治面貌	专业	出生年月	联系方式
11045101	白圣洁	女	团员	软件技术	1990-4-7	1569878××××
11045102	崔肖迪	女	团员	计算机网络	1991-7-4	1398734××××
11045103	董其斌	男	党员	动漫设计	1990-5-4	1365456××××
11045104	李博	男	党员	计算机网络	1990-12-6	1508982××××
11045105	李相静	女	团员	软件技术	1990-7-23	1365676××××
11045106	刘冬鑫	男	团员	软件技术	1991-8-15	1395665××××

记录：第 1 项（共 6 项）   无筛选器   搜索

图 4-13　生成的多个项目窗体

③ 在快速访问工具栏中单击"保存"按钮，弹出"另存为"对话框，将窗体以名称"使用多项目工具创建学生信息窗体"进行保存，单击"确定"按钮，如图 4-14 所示。

4.3.2　创建"学生选修课程窗体"

分析：要想更好地选择哪些字段显示在窗体上，可以使用窗体向导来替代各种窗体构建工具。使用窗体向导创建窗体还可以指定数据的组合和排序方式，当指定了表与查询之间的关系时，还可以使用来自多个表或查询的字段。

① 启动 Access 2007，打开创建的"学生信息管理系统"数据库。

② 在导航窗格中选中"课程表"，再单击"创建"选项卡"窗体"组中的"其他窗体"按钮，如图 4-15 所示，在弹出的列表中选择"窗体向导"选项，弹出"窗体向导"对话框，如图 4-16 所示。

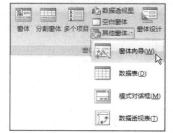

图 4-14　"另存为"对话框　　　　　图 4-15　选择"窗体向导"选项

③ 在"表/查询"下拉列表中选择"表：课程表"选项，然后单击 >> 按钮，将"可用列表"列表框中的所有字段添加到"选定字段"列表框中，如图 4-17 所示。

图 4-16　"窗体向导"对话框

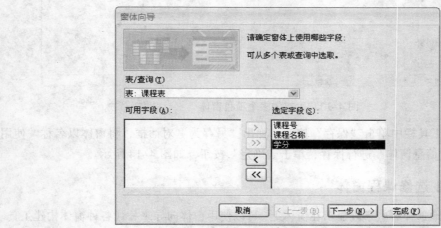

图 4-17　确定使用的字段

④　单击"下一步"按钮,在弹出的界面中确定窗体使用的布局,选择"纵栏表"单选按钮,如图 4-18 所示。

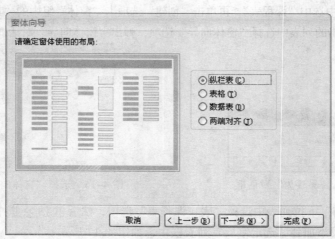

图 4-18　确定窗体使用的布局

⑤ 单击"下一步"按钮，在弹出的界面中确定窗体使用的样式，这里选择 Access 2007 选项，如图 4-19 所示。

图 4-19　确定窗体使用的样式

⑥ 单击"下一步"按钮，在弹出的界面中为窗体指定标题"学生选修课程窗体"，并同时选择"打开窗体查看或输入信息"单选按钮，如图 4-20 所示，单击"完成"按钮，打开创建的窗体，如图 4-21 所示。

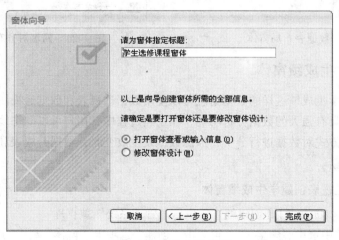

图 4-20　指定窗体标题

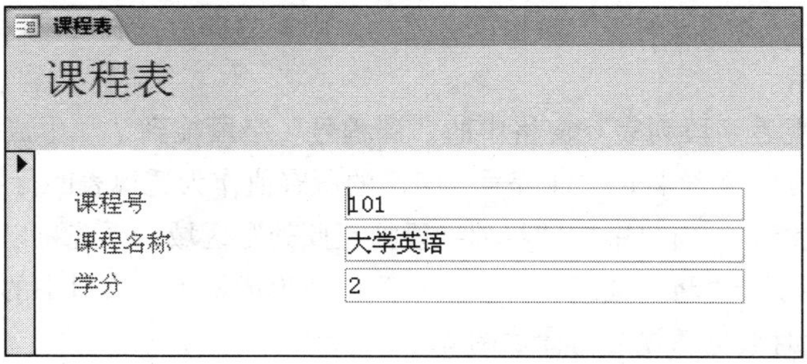

图 4-21　纵栏表布局窗体

⑦ 使用窗体向导创建其他布局的窗体，在第④步选择不同的布局，即可创建表格布局窗体，结果如图 4-22 所示，创建数据表布局窗体的结果如图 4-23 所示，创建两端对齐布局窗体的结果如图 4-24 所示。

学生选修课程窗体

课程号	课程名称	学分
101	大学英语	2
102	C语言程序设计	3
103	高等数学	2
104	计算机应用基础	3
105	数据库基础	3

图 4-22　表格布局窗体

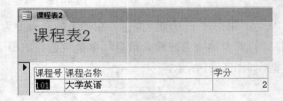

课	课程名称	学分
101	大学英语	2
102	C语言程序设计	3
103	高等数学	2
104	计算机应用基础	3
105	数据库基础	3

图 4-23　数据表布局窗体

课程表2

课程号	课程名称	学分
101	大学英语	2

图 4-24　两端对齐布局窗体

4.3.3　创建"学生成绩窗体"

分析：要查看学生成绩这样的数据信息可以使用数据透视表和数据透视图窗体，数据透视表和数据透视图窗体具有强大的数据分析功能，在创建过程中，用户可以动态地改变窗体的版式布置，以便按照不同方式对数据进行分析，当源数据发生改变时，数据透视表和数据透视图中的数据也将得到即时更新。

1. 使用数据透视表创建学生成绩窗体

① 启动 Access 2007，打开创建的"学生信息管理系统"数据库。

② 在导航窗格中选中"学生表"，再单击"创建"选项卡"窗体"组中的"其他窗体"按钮，在弹出的列表中选择"数据透视表"选项，打开数据透视表的设计界面和"数据透视表字段列表"窗格，如果"数据透视表字段列表"窗格没有显示，则在数据透视表的设计界面上单击就会显示出来，如图 4-25 所示。

③ 将"数据透视表字段列表"窗格中的"课程号"字段拖到"学生成绩表"窗口中的"将行字段拖至此处"区域，系统将以"课程号"字段的所有值作为透视表的行字段；然后将"学号"字段拖动到"学生成绩表"窗口中的"将列字段拖至此处"区域，系统将以"学号"字段的所有值作为透视表的列字段；再将"成绩"字段拖动到"学生成绩表"窗口中的"将汇总或明细字段拖至此处"区域，此时数据透视表窗体如图 4-26 所示。

图 4-25　数据透视表的设计界面

课程号 ▾		学号 ▾ 11045101 成绩 ▾	11045102 成绩 ▾	11045103 成绩 ▾	11045104 成绩 ▾	11045105 成绩 ▾	11045106 成绩 ▾	总计 无汇总信息
101	±	78		72			74	
102	±	90		89	70			
103	±		92	78	87	68	86	
104	±		75		79	77	83	
105	±	70	89			88		
总计	±							

图 4-26　添加字段后的数据透视表窗体

④ 单击快速访问工具栏中的 ■ 按钮，弹出"另存为"对话框，窗体名称为"使用数据透视表创建学生成绩窗体"，如图 4-27 所示。

图 4-27　"另存为"窗体

2．使用数据透视图创建学生成绩窗体

① 启动 Access 2007，打开创建的"学生信息管理系统"数据库。

② 在导航窗格中选中"学生表"，再单击"创建"选项卡"窗体"组中的"数据透视图"选项，打开数据透视图的设计界面和"图表字段列表"窗格，如图 4-28 所示。

图 4-28　数据透视图的设计界面

③ 单击"图表字段列表"列表中的"课程号"字段，将其拖动到"学生成绩表"窗口中的
"将数据字段拖至此处"区域，然后将"学号"字段拖动到"学生成绩表"窗口中的"将筛选字段
拖至此处"区域，再将"成绩"字段拖动到"学生成绩表"窗口中的"将数据字段拖至此处"区
域，此时数据透视图窗体如图 4-29 所示，这样可以统计各门课程的成绩和，还可以按学号筛选
每个学生的成绩情况。

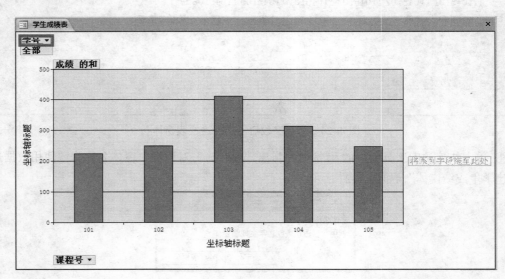

图 4-29　添加字段后的数据透视图窗体

④ 单击快速访问工具栏中的 ■ 按钮保存窗体，
窗体名称为"使用数据透视图创建学生成绩窗体"，如
图 4-30 所示。

图 4-30　"另存为"对话框

4.3.4 手动创建"学生信息窗体"

分析：前 3 个任务都是自动创建窗体，Access 还可以手动地创建窗体、使用更多的控件创建窗体，以及根据需要自定义窗体布局，这样使窗体对象具有显示操作灵活、界面美观等显著特点，能够更好地实现人机交互功能。

1. 窗体控件及其设计

控件这个术语在 Access 中有很多定义，通常来说，控件就是窗体中的任何对象，如标签或文本框。在窗体的设计视图中，Access 提供了许多设计工具用来生成窗体的常用控件，进行可视化的窗体设计。

（1）控件类型

① 绑定型控件。绑定到某个表字段的控件称为绑定型控件。向绑定型控件输入值时，Access 会自动更新记录中这个表字段的值。大部分可以用来输入信息的控件都是绑定型控件，包括 OLE（对象链接和嵌入）字段。控件可以绑定到大部分数据类型上，包括文本、日期、数字、是/否、图片和备注字段。在窗体运行时，绑定型控件的值与作为数据源的表或查询的内容始终保持一致。

② 非绑定型控件。未指定数据源的控件称为非绑定型控件。非绑定型控件又分为两类：一类是有控件来源属性，但未指定数据来源的控件；另一类是控件本身没有控件来源属性，不需要指定数据源。非绑定型控件保留所输入的值，但是不会更新任何字段。这些控件主要用来显示信息、线条或图片等。

③ 计算型控件。计算型控件基于表达式而不是表或者查询中的一个字段，如函数或计算。表达式所使用的数据可以来自窗体的表字段或窗体上的其他控件。在窗体运行时，这类控件的值不能编辑。

（2）工具箱的使用

Access 在"设计"选项卡中提供了一个"控件"选项，创建窗体所使用的控件都包含在控件项中。如果要重复单击控件项中的某个控件按钮，例如，要添加多个标签到窗体中，就可以锁定标签按钮。控件按钮被锁定后，就不必每次执行重复操作时单击该按钮。锁定控件的方法是：双击要锁定的按钮。如果要解锁，按【Esc】键即可。

控件项子菜单是进行窗体设计的重要工具，各控件按钮名称如表 4-1 所示。

表 4-1 各控件按钮名称

按 钮	名 称	功 能 说 明
	选择对象	用于选择窗体设计器中的控件
	控件向导	创建控件时启动对应的控件向导
	标签	创建一个用于显示文本的标签
	文本框	创建一个用于输入或显示数据的文本框
	选项组	创建一组单选按钮
	切换按钮	创建切换按钮
	选项按钮	创建一个单选按钮
	复选框	创建一个复合框

续表

按　钮	名　　称	功　能　说　明
	组合框	创建一个组合框
	列表框	创建一个列表框
	命令按钮	创建一个命令按钮
	图像	添加图像
	未绑定对象框	添加 OLE 对象
	绑定对象框	添加 OLE 对象
	分页符	添加分页符
	选项卡控件	创建一个多页的对话框
	子窗体/子报表	在当前窗体中嵌入另外一个窗体
	直线	绘制直线
	矩形	绘制矩形
	其他控件	添加已经注册的 ActiveX 控件

（3）常用控件及其使用

① 标签（Label）控件。标签是用来显示说明性文本的控件，如标题、题注或简短的说明。标签并不显示字段或表达式的值；标签总是未绑定的，而且当用户从一条记录移到另一条记录时，它们不会有任何改变。

标签有两种形式：一种是独立标签，另一种是关联标签。

② 文本框（Text）控件。文本框控件用于数据的显示、输入或修改，它分为绑定型、非绑定型和计算型 3 类。

如果文本框用于显示数据源中的数据控件，则称为绑定型文本框，因为它与某个字段中的数据绑定；如果文本框控件没有数据来源，那么它是未绑定型的；如果文本框以表达式作为数据来源，则它是计算型的文本框。

③ 命令按钮（Command）控件。命令按钮控件是用来控制应用程序或在窗体中实现某种功能操作（如关闭当前窗体）的控件，它提供了一种只需要单击按钮即可执行相应操作的方法，其包含的操作代码通常放在命令按钮的"单击"事件中。单击按钮时，它不仅会执行相应的操作，其外观也会有先按下、后释放的立体视觉效果。命令按钮可完成 6 个类别、33 种不同的操作。

④ 组合框（ComboBox）和列表框（ListBox）控件。在 Access 控件中，列表框和组合框的作用较相似，它们都是从一组已经确定的列表选项中选择需要的选项。大多数情况下，从列表中选择一个值，要比记住一个值然后输入它更快、更容易些。选择列表可以帮助用户确保在字段中输入的值是正确的。

但是，要确定在窗体中创建列表框还是组合框，必须考虑列表框与组合框各自的优缺点。如果窗体上一直都有足够的空间显示列表，则可以使用列表框。当想要创建显示列表的控件，而又要求仅使用较少空间时，则可以在窗体中使用组合框，组合框实际上也可以看成是文本框与列表框的结合。

⑤ 复选框（CheckBox）、单选按钮（RadioButton）和切换（Toggle）按钮控件。

复选框：在窗体上，可以将复选框用做独立的控件来显示来自表、查询或 SQL 语句中的"是

/否"值。如果复选框内包含复选标记，则其值为"是"；如果不包含，则其值为"否"。

单选按钮：在窗体上，可以将单选按钮用做独立的控件来显示基础记录源的"是/否"值。

切换按钮：可以将窗体上的切换按钮用做独立的控件来显示基础记录源的"是/否"值。切换按钮绑定到数据库表指定字段，该字段的数据类型为"是/否"。当按下按钮时，表中的值为"是"。如果没有按下，则其值为"否"。

⑥ 选项组（Frame）控件。选项组控件本身不能用来操作数据，其主要作用是与其他按钮控件实现绑定；或者划分窗体区域，使窗体整齐美观。另外，也可先在窗体上分别添加选项组控件和其他控件，然后再将其他控件移入选项组控件中，使其包容在一起，如包含多个切换按钮、单选按钮或复选框，当这些控件位于同一个选项组中时，它们一起工作，而不是独立工作，但在同一时刻，只能选中其中的一个。

（4）控件的布局

在窗体设计过程中，经常要在窗体上添加控件或删除控件，从而改变控件的布局效果。在这种情况下可能需要调整控件的大小、间距以及对齐方式等。所以，必须掌握调整控件布局的基本操作，包括调整控件的位置、大小、调整空间之间的间隔和对齐方式、更改控件的字体和颜色以及设置控件的边框和特殊效果等。

① 控件的选择。在设计视图中设置控件的格式和属性时，首先应选择控件。

若要选择一个单一的控件，单击该控件即可。若要选择多个分散的控件，请在按住【Shift】键的同时单击要选择的各个控件；若要选多个相邻的控件，可在窗体上拖出一个矩形选择框，以将这些控件包围起来。

若要选择当前窗体中的全部控件，请按【Ctrl+A】组合键，也可在窗体上拖出一个矩形选择框，以将这些控件全部包围起来。选择了控件时，该控件的显示状态将发生变化，在其边框上将出现一些黄色的方块，其中较大的一个方块是移动控制柄，其他一些方块是尺寸控制柄。

② 控件的移动。若要同时移动控件及其附加标签，将鼠标指针指向控件或其附加标签（不是移动控制柄），当鼠标指针变成双十字状时，将控件及其附加标签拖拽到新的位置上。

若要分别移动控件及其标签，请用鼠标指针指向控件或其标签左上角的移动控制柄上，当鼠标指针变成双十字状时，将控件或标签拖到新的位置上。

③ 调整控件大小。用鼠标指针指向控件的一个尺寸控制柄，当鼠标指针变成双向箭头时，拖动尺寸控制柄以调整控件的大小。如果选择了了多个控件，则所有控件的大小都会随着一个控件的大小变化而变化。

④ 删除控件。删除控件可在窗体上选择要删除的一个或多个控件，按【Delete】键即可。

⑤ 复制控件。复制控件可在窗体上选择要复制的一个或多个控件，使用【Ctrl+C】组合键，然后确定要复制到的位置，使用【Ctrl+V】组合键即可。

（5）设置窗体和控件属性

窗体和控件对象的基本属性如下：

① "格式"属性：决定对象的标志或值的显示方式，包括字体、大小、颜色、特殊效果、边界和滚动条等。

② "数据"属性：用于控制对象的数据来源以及是否可以进行筛选、排序、删除、编辑、添加和锁定等操作。

③ "事件"属性：针对对象动作的事件名，由 Access 预定义的，能被对象识别的动作即响应，包括鼠标单击、加入一条记录和按下一个可以定义响应的键等。

④ "其他"属性：对象的附加特征，包括控件名、显示的状态栏的描述等。

⑤ "全部"属性：综合显示以上各类属性。

2. 在设计视图中创建"学生信息窗体"

① 启动 Access 2007，打开创建的"学生信息管理系统"数据库。

② 在"创建"选项卡的"窗体"组中单击"窗体设计"按钮，打开窗体设计视图窗口。

③ 在"设计"选项卡的"工具"组中单击"添加现有字段"按钮，弹出"字段列表"窗格，如图 4-31 所示。

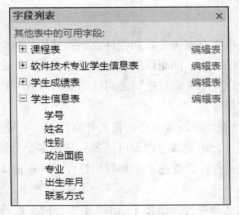

图 4-31　"字段列表"窗格

④ 从"学生信息表"展开的字段中，可以通过双击字段，或拖拽字段到窗体上，将"学号"、"姓名"、"政治面貌"、"出生年月"、"联系方式"字段依次添加到设计视图中，并调整其各自的位置，如图 4-32 所示。

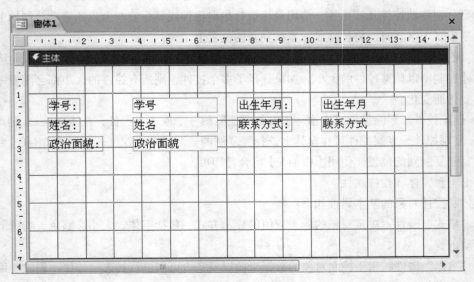

图 4-32　在视图中添加字段

⑤ 单击"设计"选项卡"控件"组中的"标题"按钮，此时 Access 自动创建文本框供用户输入窗体标题，在文本框中输入"学生基本信息"，调整文本框的大小和页眉区域，如图 4-33 所示。

图 4-33　添加标题

⑥ 在"设计"选项卡的"控件"组中单击"矩形"按钮，使用拖动的方法在设计视图窗口的"主体"区域绘制矩形控件，将所有文本包围在其中，如图 4-34 所示。

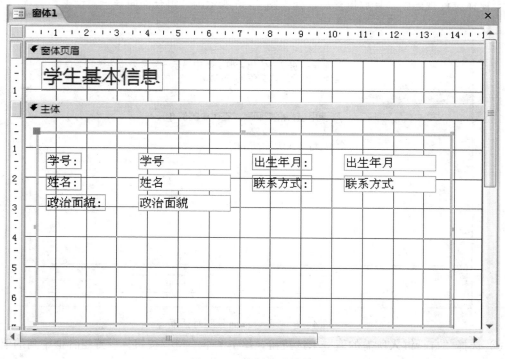

图 4-34　绘制矩形控件

　　⑦ 在"设计"选项卡的"控件"组中单击"徽标"按钮，弹出"插入图片"对话框，选择徽标图片，单击"确定"按钮，此时窗体设计视图如图 4-35 所示。

图 4-35　添加徽标

　　⑧ 在"设计"选项卡的"控件"组中单击"组合框"按钮，将"性别"字段从字段列表中拖动至窗体设计视图中，释放鼠标后，弹出图 4-36 所示的"组合框向导"对话框。

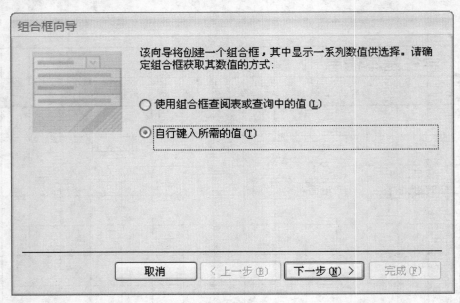

图 4-36　"组合框向导"对话框

　　⑨ 选择"自行键入所需的值"单选按钮，单击"下一步"按钮，设置组合框中列的值，如图 4-37 所示。

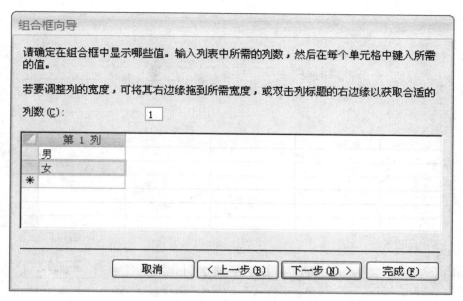

图 4-37　设置组合框中列的值

⑩ 单击"下一步"按钮，选择"将该数值保存在这个字段中"单选按钮，在下拉列表中选择"性别"，如图 4-38 所示。

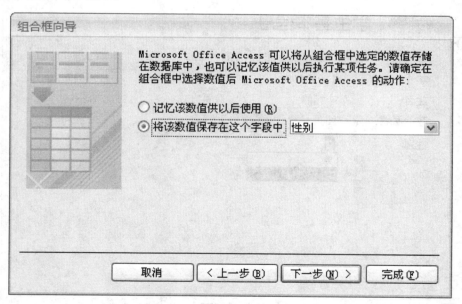

图 4-38　设置数值的保存方式

⑪ 单击"下一步"按钮，在"请为组合框指定标签"文本框中输入标签名称"性别"，如图 4-39 所示。

⑫ 单击"完成"按钮，调整控件的位置和大小，切换到窗体视图，此时的效果如图 4-40 所示。

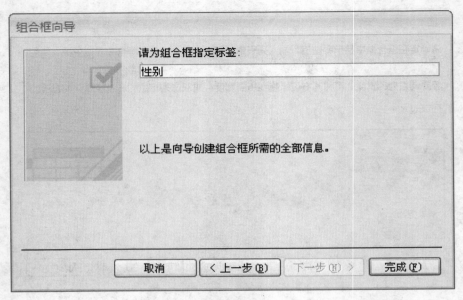

图 4-39　设置组合框的标签名称

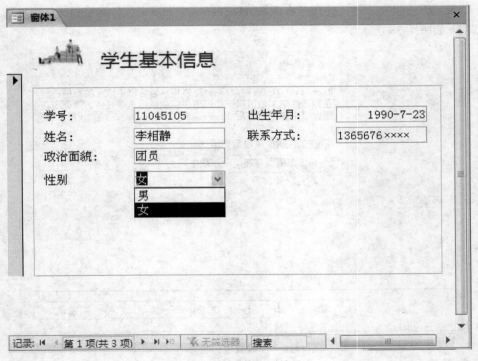

图 4-40　窗体视图效果

⑬ 切换到窗体的设计视图，在"设计"选项卡的"控件"组中单击"列表框"按钮，将"专业"字段从字段列表中拖至窗体设计视图中，释放鼠标后，弹出图 4-41 所示的"列表框向导"对话框。

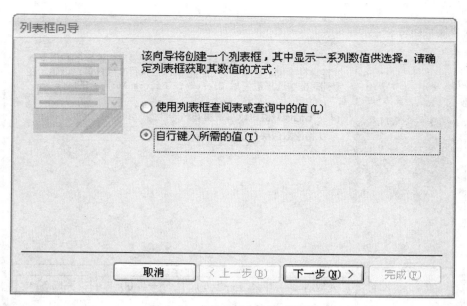

图 4-41 "列表框向导"对话框

⑭ 选择"自行键入所需的值"单选按钮,单击"下一步"按钮,设置列表框中列的值,如图 4-42 所示。

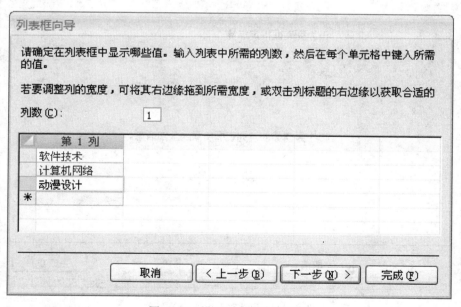

图 4-42 设置列表框中列的值

⑮ 单击"下一步"按钮,选择"将该数值保存在这个字段中"单选按钮,在下拉列表中选择"专业",如图 4-43 所示。

⑯ 单击"下一步"按钮,在"请为列表框指定标签"文本框中输入标签名称"专业",如图 4-44 所示。

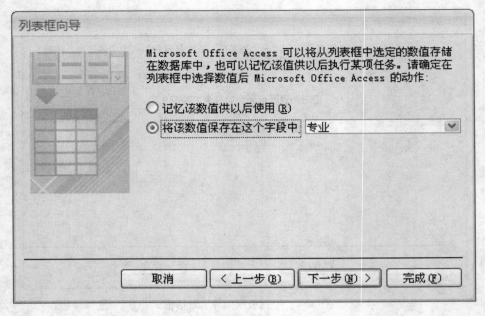

图 4-43　设置数值的保存方式

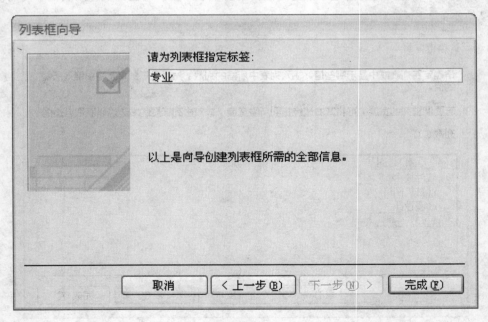

图 4-44　设置列表框的标签名称

⑰ 单击"完成"按钮，调整控件的位置和大小，切换到窗体视图，此时的效果如图 4-45 所示。

⑱ 切换到窗体的设计视图，在"设计"选项卡的"控件"组中单击"按钮"按钮，在窗体的"主体"区域单击，释放鼠标后，弹出图 4-46 所示的"命令按钮向导"对话框。

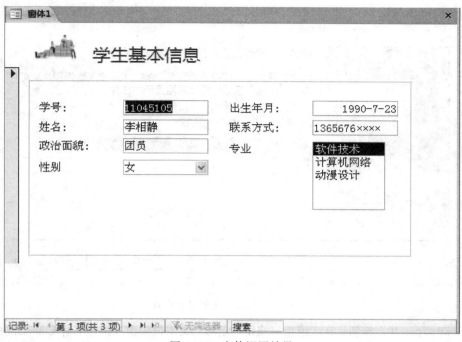

图 4-45　窗体视图效果

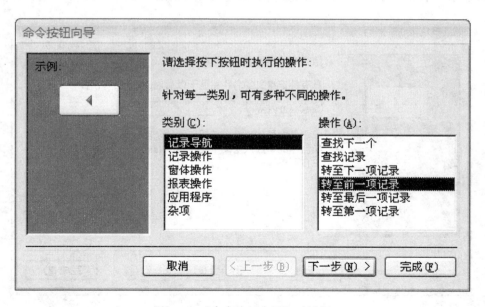

图 4-46　"命令按钮向导"对话框

⑲ 在"类别"列表框中选择"记录导航",然后在"操作"列表框中选择"转至前一项记录",单击"下一步"按钮,弹出图 4-47 所示的界面,选择"图片"单选按钮,在列表框中选择"移至上一级"选项。

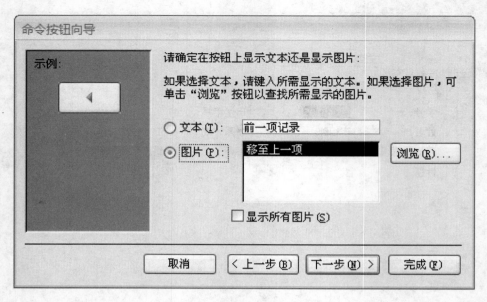

图 4-47 设置按钮的显示内容

⑳ 单击"下一步"按钮，在"请指定按钮的名称"文本框中输入按钮名称 CommandPrior，如图 4-48 所示，单击"完成"按钮，即完成了"转至前一项记录"按钮和相应的功能设计。

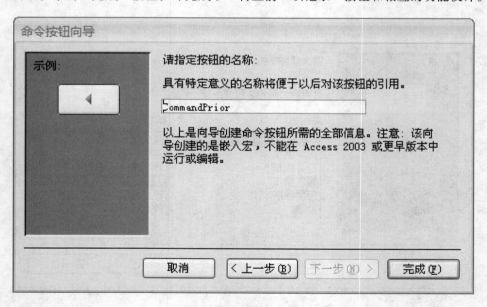

图 4-48 指定按钮名称

㉑ 使用同样的方法，再添加"转至下一项记录"按钮，过程如图 4-49 所示，单击"完成"按钮，即完成了"转至下一项记录"按钮和相应的功能设计。

㉒ 再应用同样的方法添加"退出应用程序"按钮，过程如图 4-50 所示，单击"完成"按钮，即完成了"退出应用程序"按钮和相应的功能设计。

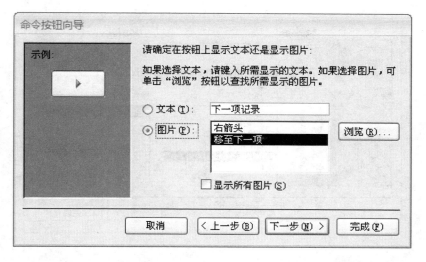

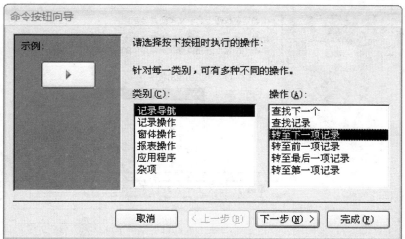

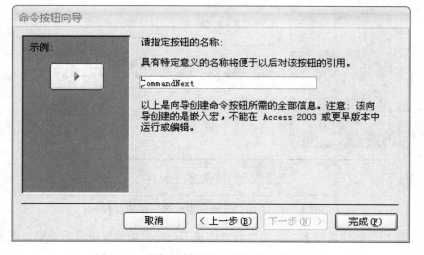

图 4-49 添加"转至下一项记录"按钮过程

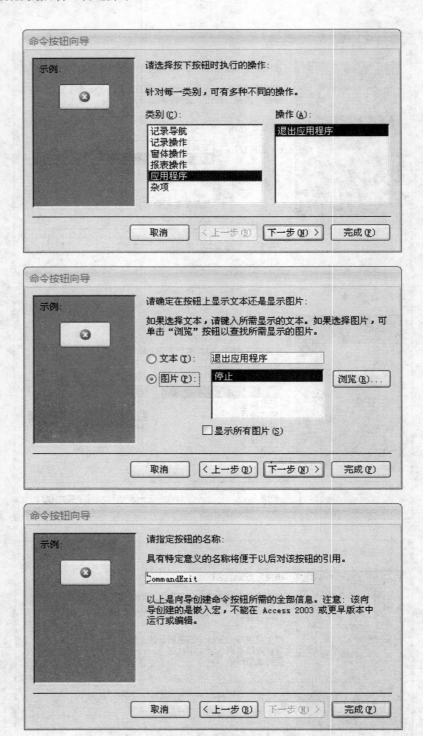

图 4-50 添加"退出应用程序"按钮过程

㉓ 调整按钮控件的位置和大小,切换到窗体视图,此时添加按钮后的效果如图 4-51 所示。

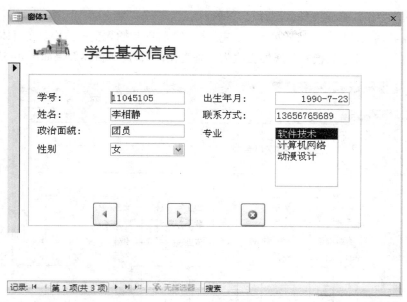

图 4-51 添加按钮后的窗体效果

㉔ 选择"学号"、"姓名"、"政治面貌"、"性别"4 个控件,在"设计"选项卡的"字体"组中单击"填充/背景色"按钮的下拉箭头,在弹出的颜色面板中选择"深蓝 2"。

㉕ 选择"出生年月"、"联系方式"、"专业"3 个控件,在"设计"选项卡的"字体"组中单击"填充/背景色"按钮的下拉箭头,在弹出的颜色面板中选择"褐色 3",切换到窗体视图,此时控件填充颜色的效果如图 4-52 所示。

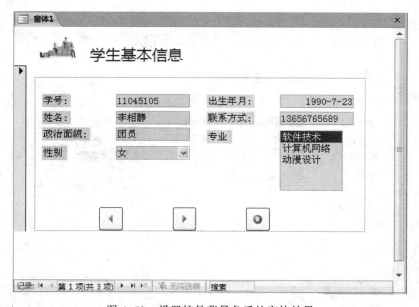

图 4-52 设置控件背景色后的窗体效果

㉖ 切换到窗体的设计视图,在"设计"选项卡的"工具"组中单击"属性表"按钮,弹出"属性表"窗格,在"所选内容类型"下拉列表中选择"窗体",单击"格式"选项卡"图片"属性文

本框右侧单击□按钮,弹出"插入图片"对话框。

㉗ 选择需要插入的图片,然后单击"确定"按钮,将图片插入到窗体中。在窗体的"属性表"窗格中将图片的"图片缩放模式"属性更改为"垂直拉伸",此时窗体效果如图 4-53 所示。

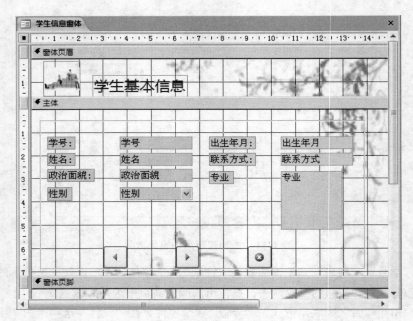

图 4-53　插入图片到窗体中

㉘ 将窗体以文件名"学生信息窗体"进行保存,切换到窗体视图,最终的窗体效果如图 4-54 所示。

图 4-54　学生信息窗体

4.4　任　务　拓　展

4.4.1　创建"学生信息管理系统"的切换面板

　　用户入口界面是用户与系统进行交互的主要通道，一个功能完善、界面美观、使用方便的用户界面，可以极大地提高工作效率。Access 为用户提供了一个创建用户入口界面的向导——切换面板。切换面板是一种特殊的窗体，它的设置主要是为了打开数据库中的其他窗体。因此，可以将一组窗体组织在一起，形成一个统一的与用户交互的界面，而不需要一次又一次的单独打开和切换相关的窗体。

　　例如，为"学生信息管理系统"创建切换面板，在切换面板中创建"学生基本信息"、"学生选修课程"、"学生各科成绩"、"退出系统"4 个项目。

　　① 启动 Access 2007，打开创建的"学生信息管理系统"数据库。

　　② 在"数据库工具"选项卡的"数据库工具"组中单击"切换面板管理器"按钮，弹出图 4-55 所示的提示框。

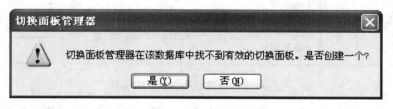

图 4-55　Access 提示框

　　③ 单击"是"按钮，弹出图 4-56 所示的"切换面板管理器"对话框，单击"编辑"按钮。

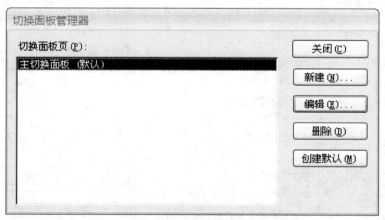

图 4-56　"切换面板管理器"对话框

　　④ 弹出"编辑切换面板页"对话框，在"切换面板名"文本框中输入"学生信息管理系统"，如图 4-57 所示。

　　⑤ 单击"新建"按钮，弹出"编辑切换面板项目"对话框，在"文本"文本框中输入"学生基本信息"，在"命令"下拉列表中选择"在'编辑'模式下打开窗体"选项，在"窗体"下拉列表中选择"学生信息窗体"，如图 4-58 所示。

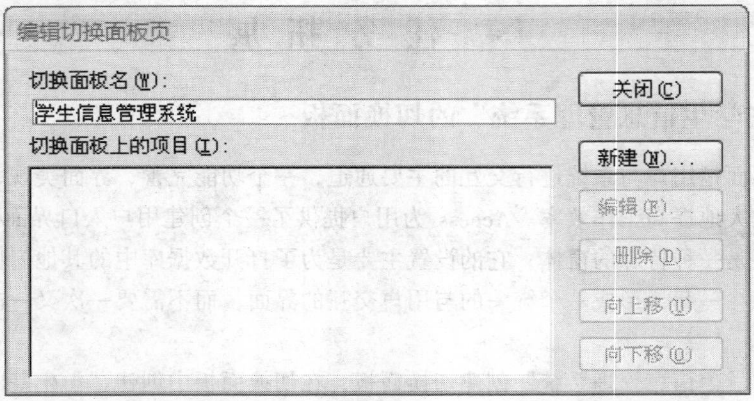

图 4-57　"编辑切换面板页"对话框

图 4-58　设置切换面板中的项目

⑥ 单击"确定"按钮，此时"学生基本信息"项目显示在"切换面板上的项目"列表框中。再按照同样的方法，继续添加"学生选修课程"、"学生各科成绩"项目，设置"编辑切换面板项目"对话框，如图 4-59 所示。

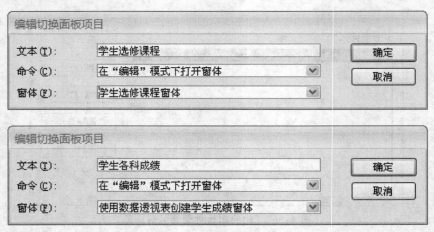

图 4-59　继续添加项目

⑦ 继续单击"新建"按钮，弹出"编辑切换面板项目"对话框，在"文本"文本框中输入"退出系统"，在"命令"下拉列表中选择"退出应用程序"选项，如图 4-60 所示。

⑧ 单击"确定"按钮，此时"编辑切换面板页"对话框如图 4-61 所示。

图 4-60 设置退出系统的切换面板项目

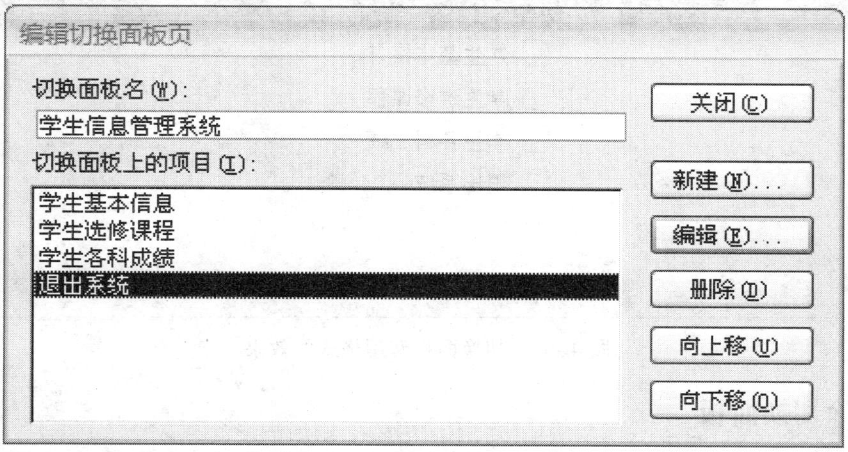

图 4-61 显示添加的切换面板项目

⑨ 单击"关闭"按钮，返回到"切换面板管理器"对话框，单击"关闭"按钮，窗体名称"切换面板"将显示在导航窗格中，双击打开该窗体，效果如图 4-62 所示。

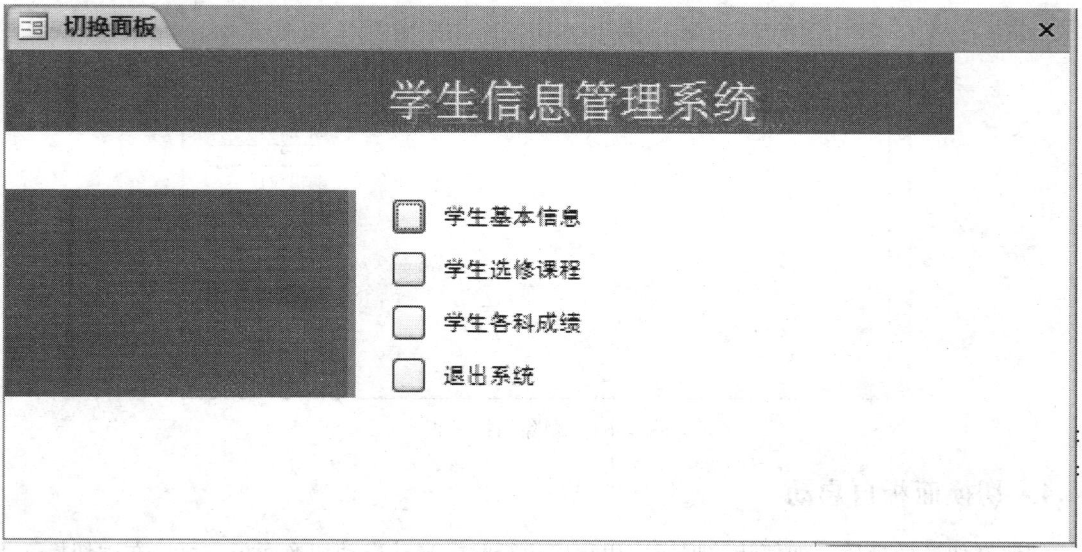

图 4-62 切换面板的窗体视图

4.4.2 编辑切换面板

在切换面板窗体设计视图中可以更改其外观。常见的修饰方法有更改命令按钮的提示文本、插入图片、增加标签、添加直线和矩形等。可以使用自动套用格式，编辑切换面板的界面，这样比较方便快捷。打开切换面板的设计视图，在"排列"选项卡的"自动套用格式"区域选择一个合适的格式即可，图 4-63 所示即为套用了"溪流"格式的效果。

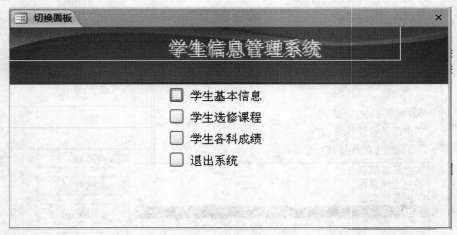

图 4-63　切换面板套用格式的效果

4.4.3　删除切换面板

要删除切换面板，可以在"切换面板管理器"对话框中单击"删除"按钮，如图 4-64 所示，然后在弹出的确认对话框中单击"是"按钮，即可将相应的切换面板删除，需要注意的是默认切换面板不能被删除。

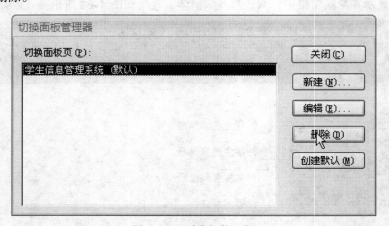

图 4-64　删除切换面板

4.4.4　切换面板自启动

创建好切换面板后，如何让数据库应用程序运行时能自动启动切换面板，可以在"切换面板管理器"对话框中选定一个切换面板并单击"创建默认"按钮，即可将该切换面板指定为数据库打开时要显示的窗体。如果用户要在数据库打开的同时启动切换面板窗体，其方法很简单，单击"Office 按钮"按钮，弹出"Access 选项"对话框，选择"当前数据库"选项卡，在"显示窗体"

下拉列表框中选择"切换面板"选项，如图 4-65 所示，然后单击"确定"按钮即可。再次打开数据库时，指定的切换面板就会随数据库一同启动。

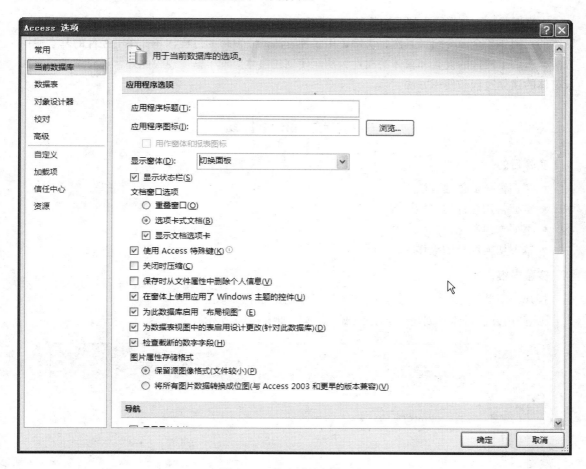

图 4-65　指定默认切换面板

4.5　任务检测

打开"学生信息管理系统"数据库，在"所有 Access 对象"列表中选择"窗体"，查看数据库窗口的窗体是否如图 4-66 所示，包含 7 个窗体和 1 个切换面板。

分别打开这 7 个窗体和 1 个切换面板，查看结果是否图 4-9、图 4-11、图 4-13、图 4-21、图 4-26、图 4-29、图 4-54 和图 4-62 所示。

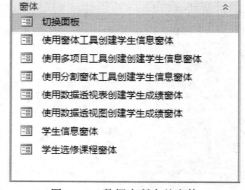

图 4-66　数据库所含的窗体

4.6　任　务　总　结

本章通过 8 个任务，讲解了窗体的建立过程，首先对窗体的定义，窗体的功能、窗体的类型、窗体的视图作了全面介绍，其次，讲解了用多种方法建立窗体的过程，还介绍了控件的基本使用方法，讲解了控件的设置和窗体的属性，从而使创建窗体更加丰富美观。此外，还介绍了切换面板窗体的建立过程和使用方法。

4.7　技　能　训　练

实验目的：

- 掌握窗体的创建方法
- 掌握常用控件的属性设置
- 掌握如何美化窗体
- 掌握切换面板的操作

实验内容：

打开"图书管理系统"数据库，在数据库中创建如下窗体：

① 使用分割窗体，创建"学生信息"窗体，如图 4–67 所示。

图 4–67　"学生信息"窗体

② 使用窗体设计创建"图书信息"窗体，如图 4-68 所示。

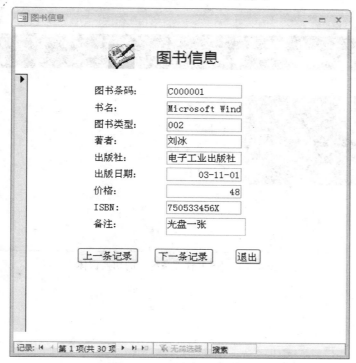

图 4-68 "图书信息"窗体

③ 使用窗体设计创建"图书借阅信息"窗体，如图 4-69 所示。

图 4-69 "图书借阅信息"窗体

④ 设计"图书管理系统"的切换面板，如图 4-70 所示。

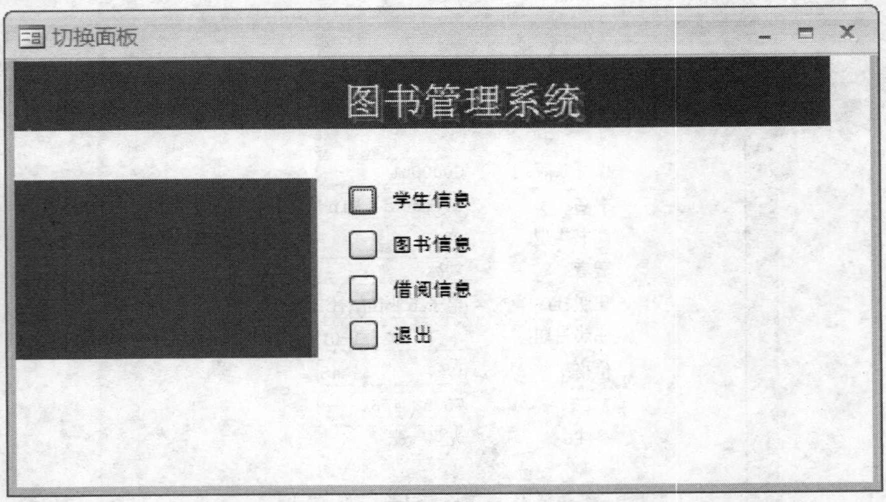

图 4-70 "图书管理系统"的切换窗体

第 5 章
创建和使用宏

学习目标

- 理解宏的基本概念
- 掌握创建宏的基本方法
- 掌握常用的宏操作
- 掌握事件的概念与常用事件
- 掌握宏的运行和调试方法

5.1 任务描述

在数据库应用系统中，用户界面一般可分为系统主控界面和数据操作界面。该系统的基本流程是启动"学生信息管理系统"时，首先打开启动窗体，单击"登录"按钮时，打开"用户登录"窗体，要求输入用户名和密码。若用户名和密码正确，系统打开"切换面板"窗体。"切换面板"窗体包含控制整个数据库的各项功能，即学生基本信息、学生选修课程、学生各科成绩。

5.2 任务相关知识

5.2.1 宏的概述

宏是 Access 的基本对象之一，把能自动执行的某种操作或操作的集合称为"宏"。使用宏不但能完成 Access 数据库的大部分操作，而且使用宏，能够从容设计自定义菜单、自定义工具栏、自定义窗体等用户界面，从而能够构建由终端客户使用的安全的数据管理程序。

在 Access 中，可以为宏定义各种类型的操作，宏命令被用在数据库的执行过程中，其操作过程隐藏在后台自动执行。使用宏不用编写复杂的程序，就能自动完成数据库中许多重复的操作，使管理和维护数据库更加方便。

5.2.2 宏设计视图

宏设计视图又称宏生成器，一般情况下，宏或宏组的建立与编辑都在"宏"设计视图中进行。用户可以用多种方法打开宏设计视图。单击"创建"选项卡"其他"组中的"宏"按钮，可以打开宏设计视图；也可以右击"所有 Access 对象"列表中"宏"对象中已有的"宏"对象，在弹出的快捷菜单中选择"设计视图"命令，打开宏设计视图，如图 5-1 所示。

① 与"表"设计视图的结构相似，宏设计视图也分上下两部分，上部分是操作列表，有"操作"和"注释"两列，在"操作"列中可以选择所需要的一个或多个宏操作名称，即在该列可以顺序填写多个操作名称。

② 在"注释"列中可以填写该操作的注释信息，即对该操作进行必要的说明，以方便今后对宏进行修改和维护。

③ 下部分是操作参数，不同的操作有不同的参数，在操作列选中一个操作，就在操作参数部分显示填写该操作参数的控件（文本框、组合框等），只有正确地填写操作参数，才能正确地执行该操作。

④ 打开宏设计视图以后，选择"设计"选项卡"显示/隐藏"组中的"宏名"选项、"条件"选项、"参数"选项，将为宏设计窗口增加"宏名"、"条件"列、"参数"列。

⑤ 条件列中填写条件表达式，即指定宏操作的条件，并通过判断条件表达式为真或为假决定执行或不执行其后面的操作。

⑥ 只当构造宏组时才需要宏名列，用户使用该列可以为每个基本宏指定一个名称。

⑦ 参数列中显示创建宏时为各操作所设置的参数。

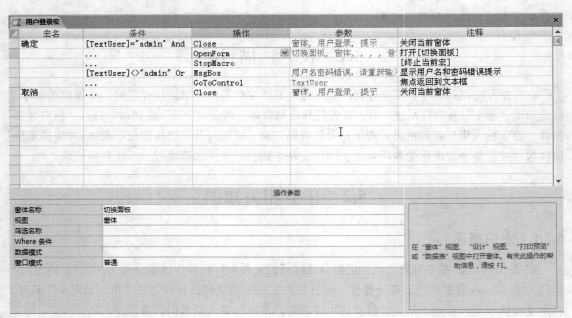

图 5-1　宏设计视图

5.2.3　常用宏操作

宏是由宏操作组成的，一个宏操作由操作命令和操作参数两部分组成，操作命令指示要做什么，操作参数给出用什么做和怎么做等信息，每个宏操作的操作命令名和操作参数及其意义都是由系统定义的，常用的宏操作命令如表 5-1 所示。

表 5-1 常用的宏操作

分　类	操 作 命 令	功　　能
操作记录类	ApplyFilter	在表、窗体或报表中应用筛选
	FindRecord	查找符合指定条件的第一条或下一条记录
	FindNext	查找下一条记录，该记录符合在最近 FindRecord 操作或"查找"对话框中指定的条件
	GotoControl	把焦点移到打开的窗体和数据表中当前记录的特定字段或控件上，实现焦点转移
	GotoRecord	使打开的表、窗体或查询结果集中指定的记录成为当前记录
运行类	RunApp	运行指定的外部应用程序
	RunCode	调用 VBA 的 Function 过程
	RunCommand	运行一个 Access 菜单命令
	RunMcro	在宏中运行其他宏
	RunSQL	运行指定的 SQL 语句
打开类	OpenTable	以指定的数据输入方式和表视图打开表
	OpenQuery	打开选择查询或交叉表查询
	OpenForm	打开窗体，并可通过选择窗体的数据模式来限制对窗体中记录的操作
	OpenReport	在"设计"视图或"打印预览"视图中打开报表或直接打印报表
	OpenModule	在指定过程的"设计"视图中打开指定的 VBA 模块
关闭停止类	Close	关闭指定的 Microsoft Access 窗体。如果没有指定窗体，则关闭活动窗体
	Quit	退出 Microsoft Access 系统
	StopMacro	停止正在运行的宏
	StopAllMacros	终止所有宏的运行
设置类	SetValue	为窗体、窗体数据表或报表上的字段、控件或属性设置值
	SetWarnings	关闭或打开所有的系统消息
信息类	Beep	通过计算机的扬声器发出"嘟嘟"声
	MsgBox	显示包含警告信息或其他信息的消息框
	Echo	指定是否打开响应
窗口类	Maximize	使活动窗体最大化，充满 Microsoft Access 窗口
	Minimize	使活动窗体最小化，成为 Microsoft Access 窗口底部的标题栏
	Restore	将处于最大化或最小化的窗体恢复为原来的大小

5.2.4 创建宏

Access 2007 中的宏分为操作序列宏、条件宏和宏组 3 种类型。

1. 创建操作序列宏

例如，创建一个宏，要求运行该宏时，打开"学生信息窗体"，然后显示"成功打开"消息框。

① 启动 Access 2007 应用程序，打开创建的"学生信息管理系统"数据库。

② 单击"创建"选项卡"其他"组中的"宏"按钮，进入宏设计视图。

③ 在宏设计视图窗口第一行设置第一个宏属性，单击"操作"列右侧的下拉按钮，在弹出的列表中选择 OpenForm 宏操作，然后在"操作参数"中选择窗体名称为"学生信息窗体"，在"注释"列中输入操作的说明（不是必需的）。

④ 在宏设计视图窗口第二行设置第二个宏属性，在"操作"列中选择"MsgBox"宏操作，然后在"操作参数"的消息文本框中输入"成功打开"，如图 5-2 所示。

⑤ 单击"保存"按钮，将创建的宏以"操作序列宏"为文件名进行保存。

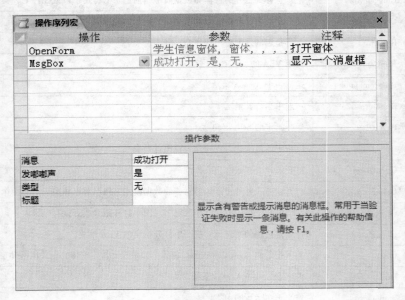

图 5-2　操作序列宏设计

⑥ 运行宏，可以看到图 5-3 所示的效果。

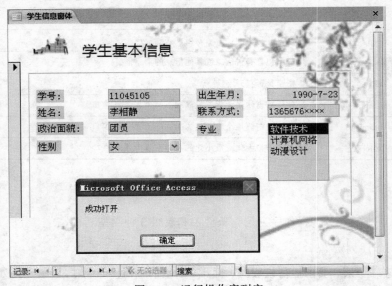

图 5-3　运行操作序列宏

2.创建条件宏

所谓条件宏就是在"条件"列中有条件表达式的宏。条件是一个运算结果为 True/False 或"是/否"的逻辑表达式。宏将根据条件结果的真或假而沿着不同的路径进行。

在书写条件宏中的条件表达式时应该注意，每一个条件表达式只能控制与它同行的操作是否执行，如果连续多个操作行的条件表达式相同，那么可以采用省略写法，在这一组操作的第一行输入条件表达式，其他行只需要在"条件"列输入 3 个点...。运行宏时，系统会计算条件表达式，如果为 true（真）就执行同行的操作命令然后，Access 将执行宏中所有其他"条件"列为空的操作，直到到达另一个表达式、宏名或宏的结尾为止。如果为 false（假）则不执行同行的操作命令，并移到下一个其他条件或"条件"列为空的操作行。

例如，创建条件宏，要求运行宏时自动打开"学生信息窗体"，当学生的"性别"为女时，系统自动给出提示。

① 启动 Access 2007，打开创建的"学生信息管理系统"数据库。

② 单击"创建"选项卡"其他"组中的"宏"按钮，进入宏设计视图。

③ 单击"设计"选项卡"显示/隐藏"组中的"条件"按钮，添加"条件"属性列。

④ 在第一行"操作"属性列中选择 OpenForm 选项，在"操作参数"选项区域的窗体名称下拉列表中选择"学生信息窗体"。

⑤ 在第二行的"条件"属性列中输入表达式"[Forms]![学生信息窗体]![性别]="女"，在"操作"属性选择 MsgBox 选项，并在"操作参数"选项区域的"消息"文本框中输入"该生是女生"，如图 5-4 所示。

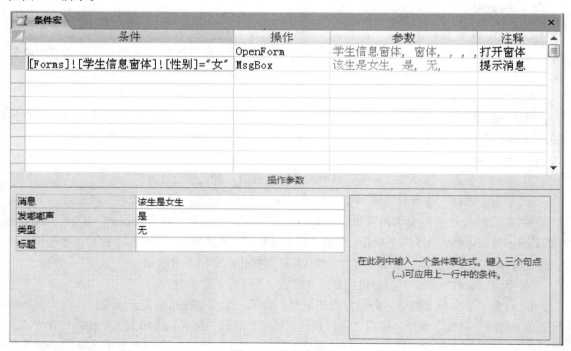

图 5-4 设置条件宏

⑥ 单击"保存"按钮,将创建的宏以"条件宏"为文件名进行保存。

⑦ 运行宏,可以看到图 5-5 所示的效果。

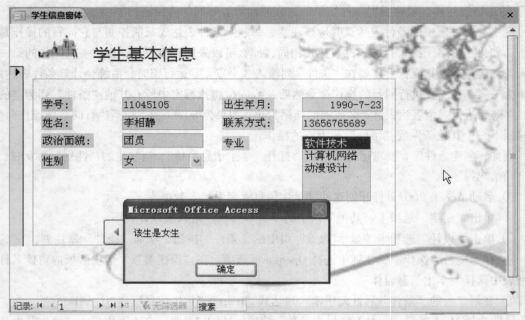

图 5-5   运行条件宏

3. 创建宏组

宏由一个或多个操作组成,而将多个相关的宏组合在一起完成一定任务或功能则称为宏组。通常情况下,如果数据库中存在着许多宏,可将相关的宏放在同一组中,以利于宏的管理与使用。

宏组中的每个宏都有一个名字,称为"宏名",引用宏组中的宏:<宏组名>.<宏名>

例如,创建宏组,要求运行宏时打开"学生信息窗体",然后通过单击"学生信息窗体"中的"关闭窗体"按钮,关闭当前窗体。

① 启动 Access 2007,打开创建的"学生信息管理系统"数据库。

② 单击"创建"选项卡"其他"组中的"宏"按钮,进入宏设计视图。

③ 单击"设计"选项卡"显示/隐藏"组中的"宏名"按钮,添加"宏名"属性列。

④ 在宏名设计视图中添加宏操作,其中"打开窗体"宏名下包含 OpenForm 和 Maximize(Maximize 是窗体最大化)两个操作,并在"操作参数"选项区域的窗体名称下拉列表中选择"学生信息窗体"。"关闭窗体"宏名下包含一个 Close 宏操作,如图 5-6 所示。

⑤ 单击"保存"按钮,将创建的宏以"宏组"为文件名进行保存。

⑥ 打开"学生信息窗体"的设计视图窗口,添加一个命令按钮。右击该按钮,在弹出的快捷菜单中选择"属性"命令,弹出"属性表"对话框,选择"格式"选项卡,将标题设置为"关闭窗体",如图 5-7 所示。然后再选择"事件"选项卡,在"单击"下拉列表中选择"宏组.关闭窗体"选项。

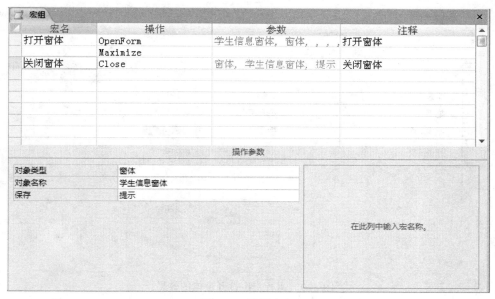

图 5-6　设置宏组

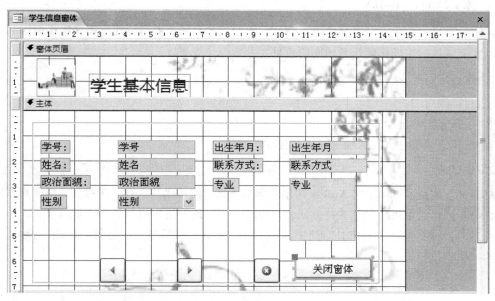

图 5-7　添加"关闭窗体"按钮

⑦ 单击"保存"按钮，保存对窗体所作的修改。

⑧ 单击"数据库工具"选项卡中的"运行宏"按钮，在"宏名"下拉列表框中选择"宏组.打开窗体"选项，如图 5-8 所示。此时该宏自动打开"学生信息窗体"，并最大化显示窗口，如图 5-9 所示。单击"关闭窗体"按钮，将自动运行 Close 操作关闭宏。

图 5-8　运行宏组

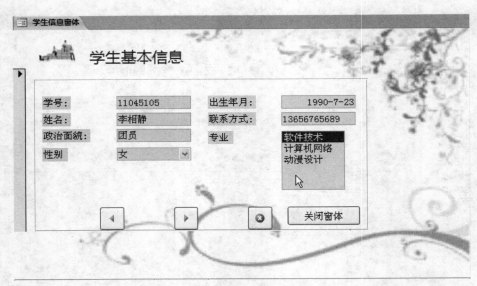

图 5-9　运行宏组打开窗体的效果

5.2.5　宏的运行和调试

在宏的设计过程中，可以对宏进行调试。宏调试的目的，就是要找出宏的错误原因和出错位置，以便使设计的宏操作能达到预期的效果。

1．运行宏

① 直接运行宏。

② 运行宏组中的宏。

③ 运行宏或事件过程以响应窗体和控件的事件。

2．调试宏

对宏进行调试，可以采用 Access 的单步调试方式，即每次只执行一个操作，以便观察宏的流程和每一步操作的结果。通过这种方法，可以比较容易地分析出错的原因并加以改正。

单击"设计"选项卡"工具"组中的"单步"按钮，然后单击"运行"按钮，弹出图 5-10 所示的"单步执行宏"对话框。

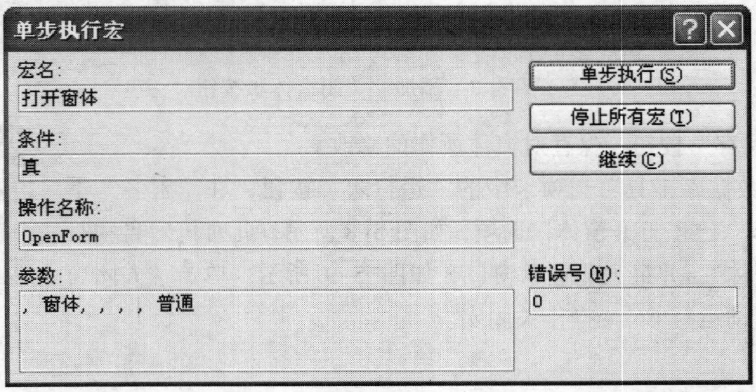

图 5-10　"单步执行宏"对话框

5.3　任 务 实 施

创建"用户登录"窗体

分析："用户登录"窗体可以判断用户名密码是否正确，这需要创建一个条件宏组来实现。

① 启动 Access 2007，打开创建的"学生信息管理系统"数据库。

② 打开窗体设计视图新建一个窗体，在窗体中添加两个文本框和两个按钮控件，如图 5-11 所示。

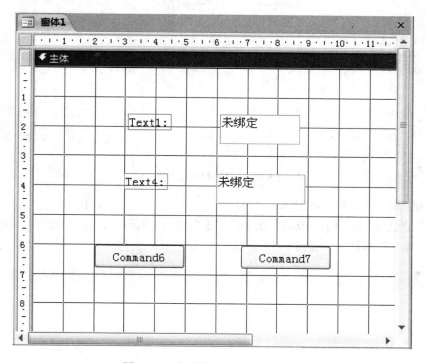

图 5-11　在设计视图中添加控件

③ 右击文本框标签 Label1，在弹出的快捷菜单中选择"属性"命令，弹出"属性表"窗格，在"格式"选项卡的"标题"文本框中输入"用户名:"，再选中文本框 Text1；在"其他"选项卡的"名称"文本框中输入 TextUser，关闭对话框，在工具栏中设置标签标题和文本框字号都为 16。

④ 按照同样的方法，将 Label4 的"标题"属性设为"密码:"，字号设为 16 号；再将 Text4 的"名称"设为 TextPassword，然后在"数据"选项卡的"输入掩码"选项中选择"密码"，这样在该文本框中输入的值会以*的形式显示；再将 Command6 和 Command7 命令按钮的"标题"属性分别设置为"确定"和"取消"，"名称"属性分别设为 CommandOk 和 CommandCancel，如图 5-12 所示。

提示：控件的"名称"属性用来唯一标识控件的，尽量用有意义的单词来命名，在使用宏的过程中，可以直接使用这个名称，最好是"见名知意"。

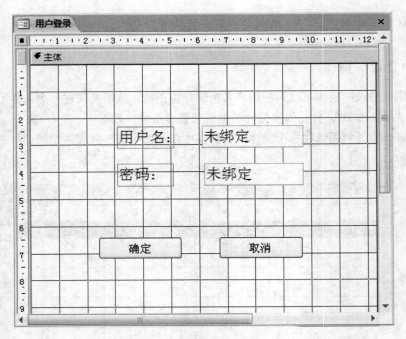

图 5-12　设置控件属性后效果

⑤ 单击"保存"按钮，将窗体以"用户登录"为文件名进行保存。

⑥ 单击"创建"选项卡"其他"组中的"宏"按钮，打开宏设计视图窗口，在窗口中添加"宏名"和"条件"属性列，如图 5-13 所示。

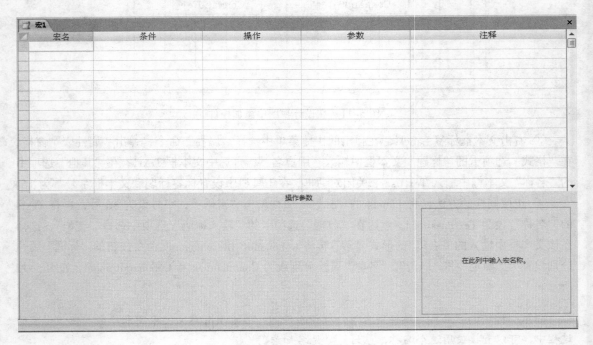

图 5-13　宏设计视图窗口

⑦ 在宏设计视图窗口中设置第一个宏属性，如图 5-14 所示，其中宏名为"确定"，条件为 [TextUser]="admin" And [TextPassword]="123456"，"操作"为 Close，"对象名称"为"用户登录"，保存属性为"否"。

图 5-14　设置第一个宏属性

⑧ 在宏设计视图窗口第二行中设置图 5-15 所示的宏属性，其中"操作"为 OpenForm，窗体名称为"切换面板"。

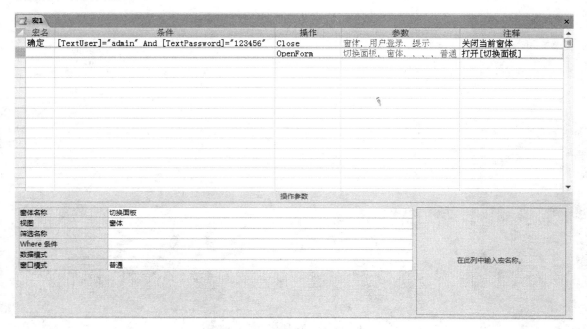

图 5-15　设置第二个宏属性

⑨ 在宏设计视图窗口第三行中设置图 5-16 所示的宏属性，其中"操作"为 StopMacro，作用是结束当前宏操作。

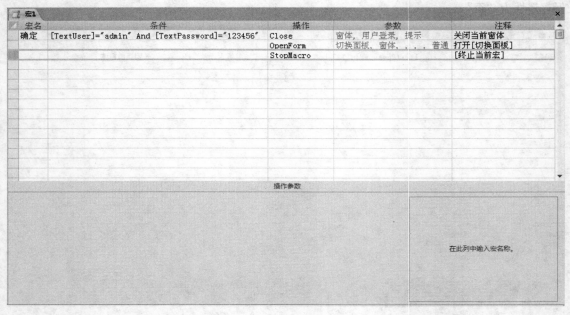

图 5-16　设置 StopMacro 操作

⑩ 在宏设计视图窗口第四行的"条件"属性列中输入表达式[TextUser]<>"admin" Or [TextUser] Is Null Or [TextPassword]<>"123456" Or [TextPassword] Is Null，"操作"为 MsgBox，在"操作参数"选项组的"消息"文本框中输入"用户名密码错误，请重新输入"，如图 5-17 所示。

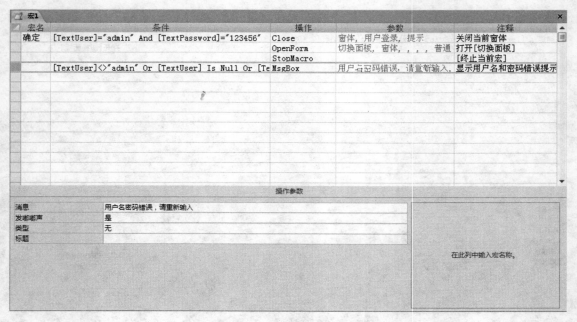

图 5-17　设置用户名密码不正确时的系统消息

⑪ 继续设置宏属性，如图 5-18 所示，"操作"为 GoToControl，"控件名称"为 TextUser，是让焦点返回到用户名文本框。

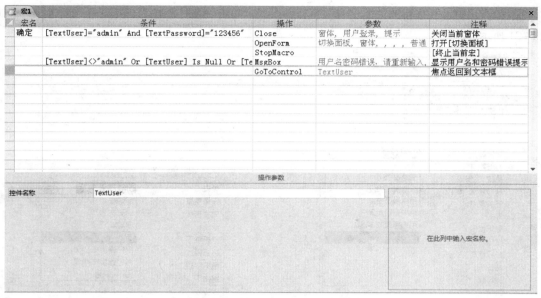

图 5-18 设置 GoToControl 操作

⑫ 添加最后一条宏属性，如图 5-19 所示，其中"宏名"为"取消"，"操作"为 Close，"对象类型"为"窗体"，"对象名称"为"用户登录"，"保存"属性为"提示"，并在以上的空白"条件"属性列中输入…，用来表示条件为真时可以连续地执行这些操作。

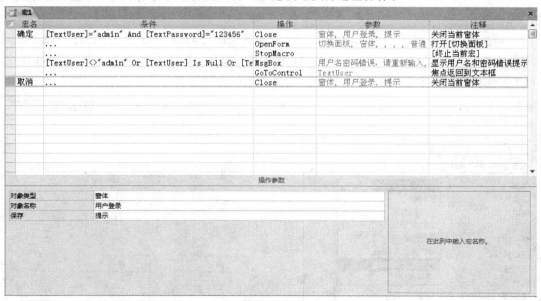

图 5-19 设置 Close 操作

⑬ 单击"保存"按钮，将创建的宏以"用户登录宏"为文件名进行保存。

⑭ 打开"用户登录"窗体的设计视图，分别右击两个文本框控件 TextUser 和 TextPassword，

在弹出的快捷菜单中选择"属性"命令，弹出"属性表"窗格，选择"事件"选项卡，在"更新后"下拉列表中选择"[事件过程]"选项，如图 5-20 所示。

⑮ 打开"确定"按钮的"属性表"窗格，设置"单击"事件属性为"用户登录宏.确定"，如图 5-21 所示。

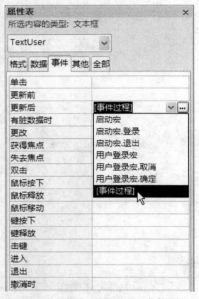

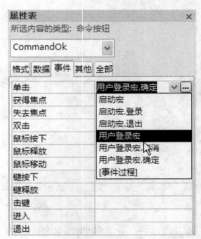

图 5-20　设置"更新后"事件属性　　　　图 5-21　设置"确定"按钮的"单击"事件

⑯ 打开"取消"按钮的"属性表"窗格，设置"单击"事件属性为"用户登录宏.取消"，如图 5-22 所示。

⑰ 切换到"用户登录"的窗体视图，输入正确的用户名 admin 和密码 123456，如图 5-23 所示，单击"确定"按钮，系统将自动打开"切换面板"窗体，如图 5-24 所示，单击其中的项目，都可进入到相应的窗体。

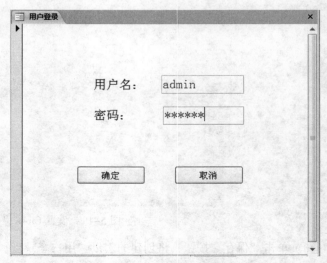

图 5-22　设置"取消"按钮的"单击"事件　　　　图 5-23　"用户登录"窗体

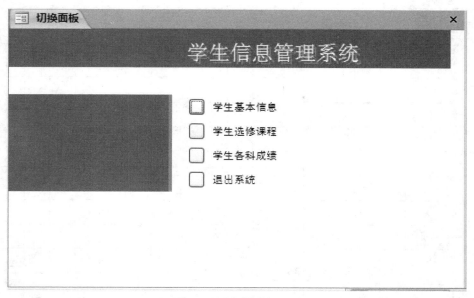

图 5-24　"切换面板"窗体

⑱ 如果输入的用户名或密码有错误，单击"确定"按钮时，将弹出系统提示框，提示用户名或密码错误，如图 5-25 所示。

图 5-25　系统提示框

5.4　任务拓展

创建启动窗体

分析：学生信息管理系统应用程序的运行，首先打开启动窗体，单击"登录"按钮时，再打开"用户登录"窗体。

① 启动 Access 2007，打开创建的"学生信息管理系统"数据库。

② 打开窗体设计视图新建一个窗体，在窗体中添加两个标签和两个按钮控件，如图 5-26 所示，设置标签和按钮的"标题"属性，适当的设置标签的字号和颜色。

③ 打开"窗体"的"属性表"窗格，在"格式"选项卡的"图片"属性中，选择合适的背景图片，"图片缩放模式"属性设置为"拉伸"，此时的窗体视图如图 5-27 所示。

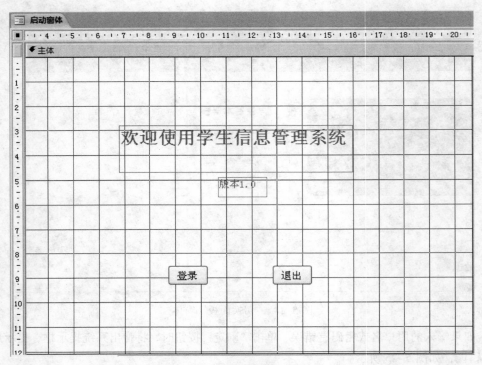

图 5-26　设置控件属性后的效果

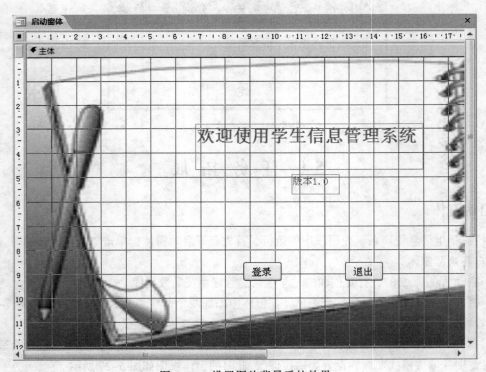

图 5-27　设置图片背景后的效果

④ 单击"保存"按钮，将窗体以"启动窗体"为文件名进行保存。

⑤ 单击"创建"选项卡"其他"组中的"宏"按钮，打开宏设计视图窗口，在窗口中添加"宏名"属性列，在宏设计视图窗口中设置第一个宏属性，如图 5-28 所示，其中"宏名"为"登录"，"操作"为 OpenForm，"对象名称"为"用户登录"。

图 5-28　设置"登录"的第一个宏属性

⑥ 在宏设计视图窗口第二行中设置宏属性，"操作"为 Close，"对象类型"为"窗体"，"对象名称"为"启动窗体"，"保存"为"提示"，如图 5-29 所示。

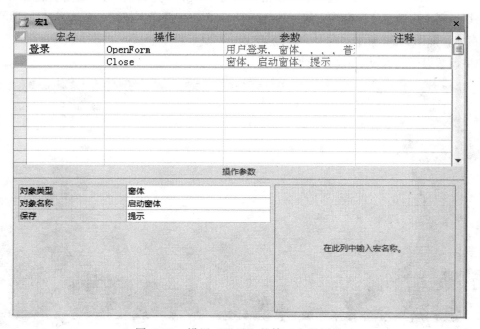

图 5-29　设置"登录"的第二个宏属性

⑦ 设置最后一个宏属性,"宏名"为"退出","操作"为 Quit,"选项"为"提示",如图 5-30 所示。

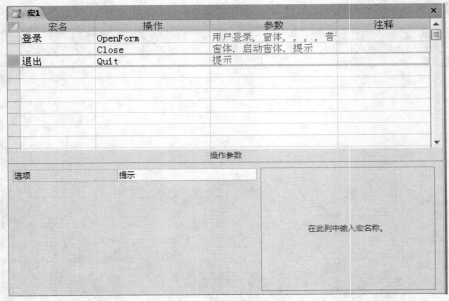

图 5-30　设置"退出"宏属性

⑧ 单击"保存"按钮,将创建的宏以"启用宏"为文件名进行保存。

⑨ 打开"启动窗体"的设计视图,打开"登录"按钮的"属性表"窗格,设置"单击"事件属性为"启动宏.登录"。

⑩ 打开"退出"按钮的"属性表"窗格,设置"单击"事件属性为"启动宏.退出"。

⑪ 切换到"启动窗体"窗体,如图 5-31 所示,单击"登录"按钮,系统将自动打开"用户登录"窗体,如图 5-32 所示。

⑫ 单击"退出"按钮,退出 Access 2007。

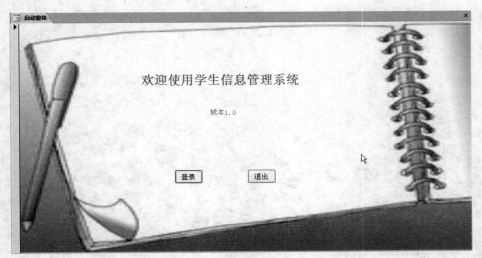

图 5-31　"启动窗体"窗体

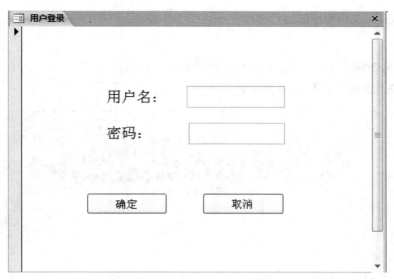

图 5-32 "用户登录"窗体

5.5 任 务 检 测

　　打开"学生信息管理系统"数据库,在"所有 Access 对象"列表中选择"宏",查看数据库窗口的宏是否如图 5-33 所示,包含 6 个宏。

　　分别运行宏,查看结果是否如图 5-3、图 5-5、图 5-9、图 5-22 和图 5-32 所示。

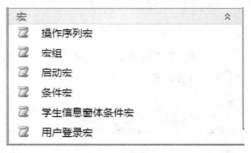

图 5-33 数据库所含的宏

5.6 任 务 总 结

　　本章介绍了有关宏的定义和宏的功能,并详细介绍了基本宏的创建过程和运行过程,条件宏的创建过程和运行过程、宏组的创建过程和运行过程。通过用户登录窗体和启动窗体调用宏,完成数据库应用程序的设计。

5.7 技 能 训 练

实验目的:
- 掌握宏的创建和设置
- 掌握宏在窗体中的使用方法
- 掌握宏的运行方法

● 掌握 Access 应用程序的运行过程

实验内容：

打开"图书管理系统"数据库，在数据库中创建如下窗体。

① 创建登录窗体，如图 5-34 所示。

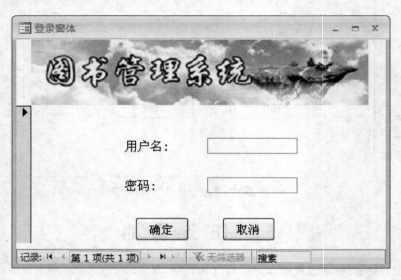

图 5-34　登录窗体

② 创建"登录宏"，判断用户名密码是否正确，如果正确，登录到主界面，如果不正确，弹出提示信息，如图 5-35 所示。

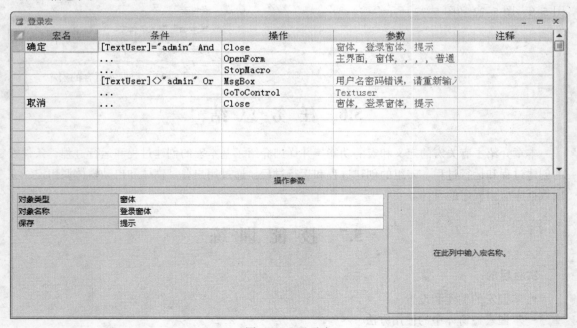

图 5-35　登录宏

③ 设置"登录"和"取消"按钮的事件，使得单击"登录"和"取消"按钮可以运行相应的宏。

④ 创建主界面窗体，如图 5-36 所示。

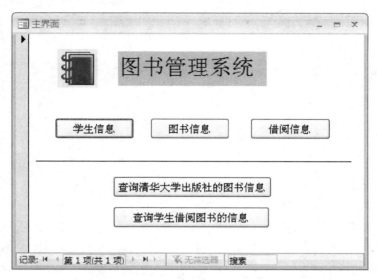

图 5-36　主界面窗体

⑤ 创建"主界面宏"，使得单击"学生信息"、"图书信息"和"借阅信息"按钮时，都可弹出相应的窗体；单击"查询清华大学出版社的图书信息"和"查询学生借阅图书的信息"按钮，将弹出相应的查询，如图 5-37 所示。

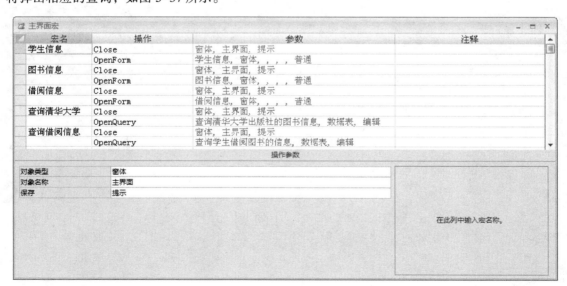

图 5-37　主界面宏